2022 年度日本建築学会設計競技優秀作品集

「他者」とともに生きる建築

JN103889

CONTENTS

作品集の刊行にあたって

　日本建築学会は、その目的に「建築に関する学術・技術・芸術の進歩発達をはかる」と示されていて、建築界に幅広く会員をもち、会員数3万6千名を擁する学会です。これは「建築」が "Architecture" と訳され、学術・技術・芸術の三つの分野の力をかりて、時間を総合的に組み立てるものであることから、総合性を重視しなければならないためです。

　そこで本会は、この目的に照らして設計競技を実施しています。始まったのは1906（明治39）年の「日露戦役記念建築物意匠案懸賞募集」で、以後、数々の設計競技を開催してきました。とくに、1952（昭和27）年度からは、支部共通事業として毎年課題を決めて実施するようになりました。それが今日では若手会員の設計者としての登竜門として周知され、定着したわけです。

　ところで、本会にはかねてより建築界最高の建築作品賞として、日本建築学会賞（作品）が設けられており、さらに1995（平成7）年より、各年度の優れた建築に対して作品選奨が設けられました。本事業で、優れた成績を収めた諸氏は、さらにこれらの賞・奨を目指して、研鑽を重ねられることを期待しております。

　また、1995年より、本会では支部共通事業である設計競技の成果を広く一般社会に公開することにより、さらにその成果を社会に還元したいと考え、作品集を刊行することになりました。

　この作品集が、本会員のみならず建築家を目指す若い設計者、および学生諸君のための指針となる資料として、広く利用されることを期待しています。

日本建築学会

2022年度 支部共通事業　日本建築学会設計競技

「他者」とともに生きる建築

事業理事

郷田　桃代

2022年度の設計競技の経過報告は以下の通りである。

第1回設計競技事業委員会（2021年8月開催）において、千葉学氏（東京大学教授）に審査委員長を依頼することとした。2022年度の課題は、千葉審査委員長より「「他者」とともに生きる建築」の提案を受け、各支部から意見を集め、それらをもとに設計競技事業委員・全国審査員合同委員会（2021年12月開催）において課題を決定、審査委員7名による構成で全国審査会を設置した。2022年2月より募集を開始し、同年6月13日に締め切った。応募総数は285作品を数えた。

全国一次審査会（2022年7月27日開催）は、各支部審査を勝ちのぼった支部入選62作品を対象として、審査員のみの非公開審査とし、全国入選候補11作品とタジマ奨励賞6作品を選考した。全国二次審査会（2022年9月13日開催）は、全国入選候補11作品を対象に、公開審査として行われ、最優秀賞、優秀賞、佳作を決定した。

今年度の日本建築学会大会（北海道）は、新型コロナウイルス感染症の拡大防止により、北海道科学大学およびオンラインでの開催となった。そのため、大会会場で行う予定だった全国二次審査会は、2021年度と同様にオンラインにて開催したが、例年と遜色ない熱心なプレゼンテーションと質疑審議が行われた。審査会における各応募者の提案内容はたいへん高い水準にあり、優劣つけ難いものであった。

「他者」とともに生きる建築

審査委員長
千葉　学

　「「他者」とともに生きる建築」という投げかけは、ある意味で当たり前のことを言っていた。そもそも社会は他者とともに成り立っているわけだから、全ての建築が該当すると言ってもいい。それでもなお「他者」に焦点を当てたのは、社会の数多くの事象が「情報化」され、わかったような感覚に陥り、さらに操作しうる対象と位置付けてしまう現代に対する危機感があったからだ。そもそも世界の全てを情報化することなどできないし、そこから溢れた事象から浮かび上がる新しい課題に取り組むことこそ設計の面白さだ。さらに言えば、この情報化されない、操作しえない他者によって自らも変わっていく、その双方向的連関こそが世界を豊かにしてくれている。そこに軸足を置いた生活を描いてほしいと期待していたのである。

　数多くの提案は、この投げかけに真摯に、また想像力豊かに取り組んでくれていた。それは心強いものだったが、一方で予定調和的な、従前の思考から抜け出せていない提案も一定数あったと思う。こうした点が、審査の最大のポイントだった。

　最も興味深く拝見したのは、「ハナとミツバチ」だ。船によって学生が移動しながらインターンシップを行う、その仕組みを通じて立ち現れる地域ごとの生活や生業との相互交通的な活動は、想定し切れないからこそ可能性を感じるものだ。特に移動に困難を強いられたこの2年半を思えば、人の移動や集まり方になお価値を見ようとする姿勢は応援したい。施設建設によって地域活性化を目指した20世紀的な施策への批評としても力強いものだ。

　「「共界」に暮らす」は、オーバーツーリズムが抱える課題を、自然現象を利用して穏やかに調停しようというものだ。太陽と月の引力、そして地球の自転がもたらす潮の干満は、現代の生活においては潜在化していて意識にのぼらない。その現象を生活空間に鮮やかに浮かび上がらせるための建築的提案は、緻密で魅力的だ。欲を言えば、その先にどんな地域の未来があるのか、そこまで描いてほしかった。

　「学校の解体、町の再縫合」は、斜面を他者と見立てて学校を街に織り込むものだ。提案はリアリティもあり魅力的だったが、果たして斜面は他者なのか、という点は議論になった。土地を平らに切り崩してきた20世紀に比べれば、斜面にほんの少し手を加えるだけで場を作る手法は他者性に主眼を置いたものだとも言える。ただ、その空間が斜面に適合すればするほど予定調和的に見えてしまう点は、今後掘り下げていくべきテーマだろう。

「都市の狩猟採集民」は、今日的な課題に真正面から取り組んだ提案だ。廃棄物、あるいは社会的弱者といった分類は、実は視点を変えるだけで突如として資源として浮上したり、分類の線引きを大きく変えたりする。その視点から立ち上がる建築は、これからの時代を牽引していくに違いない。

　「潤う大地」は、土中環境を顕在化させようとする提案だ。従来の建築にとって土は単に建築を支える地盤であり、その性能は地耐力でしかなかったが、そこに数多くの生物が棲みつき、それらの生命活動が結果的に土を耕し、健全な状態にしていることを露わにすることは、それだけで価値がある。ならば建築はいかに変わるのか、そこにはまだ提案の余地がありそうだ。

　「桜島と生きる」は、自然災害と隣り合わせの町における建築的アイデアを発展させたものだ。かつては地域に経験知として蓄積していた多彩な建築要素は、均質化した家が立ち並ぶ時代においては見出すことが難しい。そこにあえて取り組んだ誠実な姿勢に好感が持てる。

　賞は逸したが、「磯礁」も印象に残った。その異様な形態が景観として相応しいかという議論は尽きなかったが、人々の生活から引き離され、津波以外の自然災害を視野に入れていない現代の防潮堤の技術に対する問いとして、高く評価したい。
　今回のコンペが、そもそも考え方や行動、生態などの想定が難しい相手をあえて相手にしていくことのきっかけになってくれれば、出題者としては嬉しい限りだ。

全国入選作品・講評

最優秀賞
優秀賞
佳作
タジマ奨励賞

支部入選した61作品のうち全国一次審査会・全国二次審査会を
経て入選した11作品とタジマ奨励賞6作品です

タジマ奨励賞：学部学生の個人またはグループを対象としてタジマ建築教育
振興基金により授与される賞です

最優秀賞

ハナとミツバチ
－移動キャンパスによる生業と暮らしのインターン－

亀山拓海　　　袋谷拓央　　　島原理玖
谷口歩　　　　古家さくら　　村山元基
芝尾宝　　　　桝田竜弥
大阪工業大学

CONCEPT

都市に集中する大学生を移ろいながら属さない他者的な存在であると捉え直した。

彼らが移動するキャンパスによって入れ替わり続けることで、花と花を移ろい続け「受粉」を起こして共生が成り立つハナとミツバチのような関係性を作り出すことを目標に、大学生が移ろう他者であり続けることで成り立つ共生関係を考案する。

本提案は、一次産業を学ぶ学生と担い手不足に陥っている地方とを繋ぎ、継続的に地方を支えていく提案である。

支部講評

大胆な提案である。北前船を現代に蘇らせ、それを移動式キャンパスと位置付ける。各地方の一次産業を主体とする地を花に見立て、花から花へと飛び交う蜜蜂を移動する学生として、その学生を各地方への他者と位置付け、新たな地方再生の在り方を魅力的に提案できている。興味のある地方へ寄り道する感覚で、次の船を待ちながらその場所でインターンをする、そこで建築という行為と共に場づくりができているのが素晴らしい。建築の可能性すら超えていっているように思う。コトづくりは素晴らしい。欲をいえば、モノづくりの根本となる船のデザインに、移動や組立てのタイムラインやモノ自体に、もっと説得力があればと思った。

（小幡剛也）

8

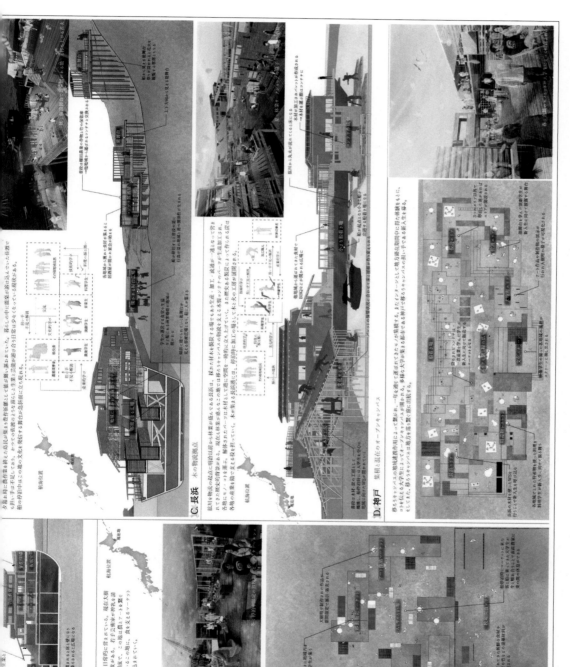

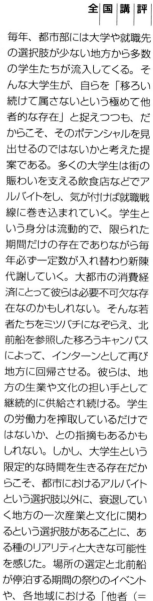

毎年、都市部には大学や就職先の選択肢が少ない地方から多数の学生たちが流入してくる。そんな大学生が、自らを「移ろい続けて属さないという極めて他者的な存在」と捉えつつも、だからこそ、そのポテンシャルを見出せるのではないかと考えた提案である。多くの大学生は街の賑わいを支える飲食店などでアルバイトをし、気が付けば就職戦線に巻き込まれていく。学生という身分は流動的で、限られた期間だけの存在でありながら毎年必ず一定数が入れ替わり新陳代謝していく。大都市の消費経済にとって彼らは必要不可欠な存在なのかもしれない。そんな若者たちをミツバチになぞらえ、北前船を参照した移ろうキャンパスによって、インターンとして再び地方に回帰させる。彼らは、地方の生業や文化の担い手として継続的に供給され続ける。学生の労働力を搾取しているだけではないか、との指摘もあるかもしれない。しかし、大学生という限定的な時間を生きる存在だからこそ、都市におけるアルバイトという選択肢以外に、衰退していく地方の一次産業と文化に関わるという選択肢があることに、ある種のリアリティと大きな可能性を感じた。場所の選定と北前船が停泊する期間の祭りのイベントや、各地域における「他者（＝大学生）」と地域の人々との関わりについて、丁寧に組み立てられている。今の社会の在り様に真摯に向き合ったからこそ生まれた提案であり、地方都市と大学生の新たな関係性を感じさせる力作である。

（赤松佳珠子）

「共界」に暮らす
～50cmの干満差を利用したともに生きるための境界～

半澤諒　　　　井宮靖崇
池上真未子　　小瀧玄太
大阪工業大学

CONCEPT

京都府伊根町では、地域の伝統的な建築様式である舟屋を目的とする観光客と地元住民の共存に悩まされてきた。

特徴的な建築形態がかえって地域問題にもなりかねない矛盾が生じているのが現状である。

本提案では、潮の満ち引きで内外の境界が変動する空間へ改変することで、他者＝観光客との関わりを段階的に変化させる。

建築が海とつながることで可変する境界が、地域住民が他者とともに生きるための建築として機能する。

支部講評

伝統的な建築様式である舟屋で有名な伊根町。この町では伝統建築と共生する地元住民と観光客の共存が難しいという現実的課題をテーマとし着眼している。他者は「観光客」として捉えている。

潮の満ち引きを利用し空間の連続や分断を発生させ、それをうまく「共界」としてまちや建築空間に領域を与えるアイデアは魅力的であった。これにより、地元住民と観光客の距離感を柔らかく確保し、パブリックやプライベートを含めて「他者」と共存する術を上手に表現している。変化する海面と共に生活するシーンを柔らかいタッチで表現し、作者が目標とする空間をさわやかな色使いや優しい表現で上手く訴えかけている。その場の雰囲気が伝わってくるようなプレゼンテーションは好印象であり、アイデアや絵のもつ表現力に説得力を感じた。

（南浦琢磨）

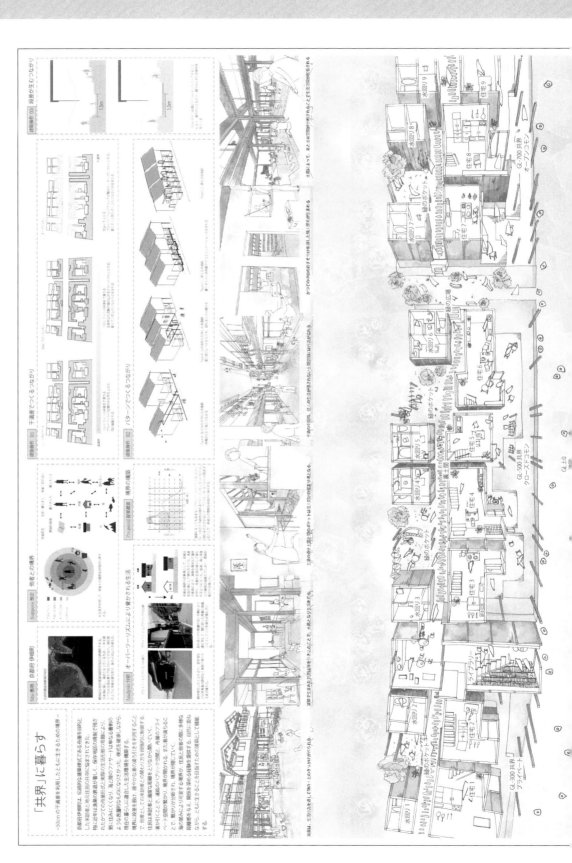

舟屋の連なる町並みで知られる京都府伊根町における、オーバーツーリズムへ対処を軸とした街区リノベーションの提案である。近年世界各地で取り沙汰されているオーバーツーリズムは、地域の日常的生活空間への制御しえない「他者」の闖入が引き起こす、実に今日的な問題である。もちろん地域の側にも観光客を呼び込みたい思惑があり、その関係は単純ではない。

本作はこのような観光客と地元住民の関係に対して、同地特有の緩やかな潮の満ち引きを利用した空間の変化による調停を試みている。上下する海面レベルに応じて水没したり干上ったりと時間的に変化する中間領域を街区に張り巡らせ、干潮時には地元民と観光客が交流するスペースが出現し、満潮時には水面が両者を物理的に隔てる。人間の生活リズムと無関係に変化する潮の満ち引きは、生活に予期せぬ変化をもたらすもう一つの「他者」でもあろう。海水が居住空間に常時出入りするその仕掛けはやや大仰ではあるが、歴史的に海と近い生活を築いてきた伊根であればこそ可能と思わせる魅力を備えている。

他地域からの転入者を多く含むと思われる居住者の生活や、住民間交流への対応も丁寧に考えられている。プライベートな生活域と交流スペース、観光客のための空間などが複雑に入り組んだ街区構成は、漁業に代わり観光という他者との関わりを受け容れることを契機とした、伝統的舟屋のアップデートと見ることもできよう。非常に完成度の高い力作である。

（柳沢究）

学校の解体、町の再縫合

優秀賞

上垣勇斗　　　　　船山武士
藤田虎之介　　　　吉田真子

近畿大学

CONCEPT

尾道のような近代化に乗り遅れた地方の町は、小さなスケールの中の豊かな個性（地形・風土・産業・文化）により村の時間を創り上げてきた。

まちがまちのために運営され、地域を守る大人を創成していく「子どものための環境」を建築する。これから地域が生き残るための未来のカタチではないだろうか。自分だけのささやかな思い出が、町を構成すると同時に、町の記憶となり、何十年と重なり続けるだろう。

支部講評

ありのままの町に地場産の帆布を掛けることで生まれる学びの空間を「自分だけの価値」判断（＝住み手の視点）で妄想し、町全体を小学校として活用する提案である。その非現実性の中に「みんなが知っている側」や「排除されてきた地方」という『他者』との対立を解く「未来のカタチ」を提示している。さらに想定される『他者』は、都市や学校建築に対する『既成概念』であり、屋外空間を使う際の『雨・風・日差し』や生活空間に分け入る子供たちの学び空間と町の人々との『軋轢』、斜面地の段差や犯罪者からの『完全確保』もある。これらの『他者』との折合いを、しなやかで強い帆布によって町の各所に見出し、共に生きる術を示した意欲作である。

（岡松道雄）

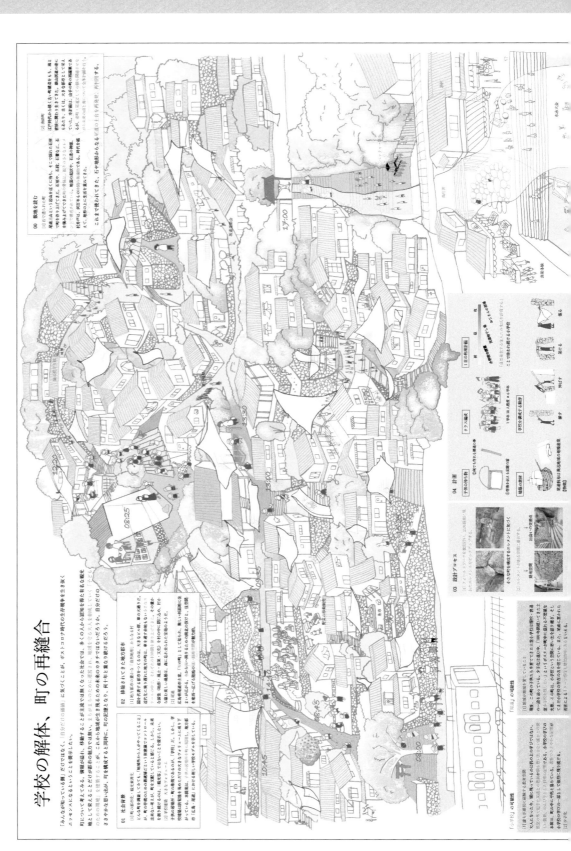

坂の町として知られる尾道市土堂の街中をうまく使い、少しずつ手を加えることで小学校として新しい学校モデルを示す提案である。地形の変化をつかってさまざまな空間が生まれるという一見ファンタジーとしてよくある提案も、尾道ほどの多様さをもちそこかしこに地域の生活が混じり合った地形であれば、頭一つ抜きん出てありうる提案になるのではと感じさせる。そもそも全国画一的に建てられた大きなヴォリュームの学校空間がその地域にとって本当にふさわしかったのかという問題提起は、尾道のような広い平面をもたない坂の町において説得力をもつ鋭い指摘である。

石垣に棒を差すようなちょっとした行為からそこかしこで始まる空間づくりは、今現在魅力ある空間として成立しているこの地域の地形と生活に対する最大限の敬意であり、同時に子どもたちが育つ環境としてどんな空間がふさわしいかと考えて出された最適解なのだろう。密なフィールドワークの結果として街の魅力に気づき、それを最大限活かそうとしたアプローチは清々しく評価に値する。

一方でこの小学校が恒常的なプログラムとして働くのか、イベント的な特別授業なのかは審査の途上でも議論になった。それは提案された建築が現況に配慮するあまりとても仮設的であったこととも無関係ではない。教育現場として安定したホームがあるべきではないかという疑問に対して、現状への配慮と新しい空間の強度や持続性というジレンマをうまく解くことができていればよかったのかもしれない。

（蟻塚学）

都市の狩猟採集民

優秀賞

曽根大矢　　　池内聡一郎　　　小林成樹
粕谷しま乃　　篠村悠人

近畿大学

CONCEPT

ホームレスという都市の中で最も排除されている他者について考え、彼らが行う狩猟採取的な生活に対する偏見を建築と都市を巻き込みながら変えていく。他者に対する見え方を変える建築の計画は、見た目や行動、性格などで偏見を持たれる、一般的に弱者とも言われる人さえも受け入れる緩さと寛容さを持った都市を作り出すことに繋がる。

支部講評

都市には、その特徴を表象する多様なイメージが積層する。場所、時間、身体の状態によって無数のイメージが折り重なり、都市に生きることの窮屈さや心地良さを鋭敏に感じ取りながら人々は都市を訪れ、あるいはここで生きることを選択する。「都市の狩猟採集民」とは、普通に日常を生きる人々とは比較にならないほど、その鋭敏さとイメージの豊かさをもち、寛容な眼差しをもった人々といえるのではないか。この提案は、その寛容さを日常に開いてゆく大きな可能性を秘めている。独特の質をもった丁寧なつくり込みによる場所のレイヤーが背中合わせに寄り添うように重なり合い、他者との距離感を解きほぐす寛容な都市のイメージが喚起される秀作である。

（向山徹）

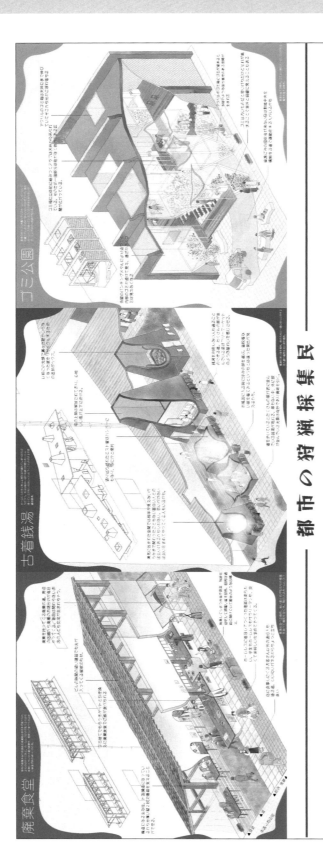

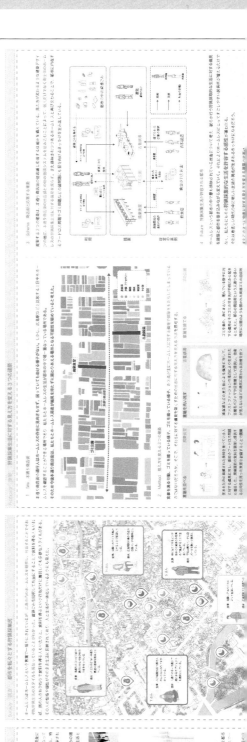

ここでの他者はホームレスである。彼らは、生きていくために必要なものを都市のゴミなどから集めて狩猟採集民的な生活を送っている。そんな街には、横になることを拒絶するベンチ、床に無数にちりばめられた突起物など、排除ベンチや排除アートと呼ばれるホームレス対策グッズが溢れている。これらの存在は、現代都市があらゆる人々に対して不寛容で窮屈な場所になってしまったことを物語っている。一方、現代社会では、フードロスやファストファッションなどの廃棄問題が起こっている。この状態に違和感をもった提案者は、そもそもホームレスの狩猟採集民的生活は社会や仕事に縛られる現代人とは違う豊かさがあるのではないかと考えた。ホームレスへの偏見をなくし、意識を変えることによって、現代人はもっと豊かな自由さをもった生活を取り戻せるのではないか、との考えには深く共感する。提案は、広島の本通り商店街に他店舗との物の循環システムを組み込んだ「廃棄食堂」、「古着銭湯」、「ゴミ公園」の３つの建築であり、全ての人々に等しく開かれた道のような、狩猟採集民的活動が日常的に起こり得る場所の提案である。建築のありようが人々のふるまいや意識を変えるかもしれない、という可能性をポジティブに示した力量を高く評価したい。惜しむらくは、同時に現代都市における資材のリサイクル、リユースといった建築材料の循環システムをも取り入れた建築として構成されていたならば、より説得力ある提案になっていたに違いない。

（赤松佳珠子）

15

潤う大地
土中環境から整える、多様な主体が生きるまち

谷本優斗 　　嶋谷勇希 　　井口翔太
半井雄汰 　　林眞太朗

神奈川大学

優秀賞

CONCEPT

今日の日本において、他者との共生の場はどこにあるのか。そのヒントは建築とそれ以外の他者とのバランスの中に存在するのではないか。

人間本位な力学的土木操作により抑え込む形をとってきた大地との付き合い方を見直し、人間や自然環境、生物を含めた多様な主体が主語になれる建築、都市像を考える。自らをも他者とする、共生の眼差しを持つことで、人間や自然環境、生物それぞれの振る舞いと大地の息づかいが重なり合っていく。

支部講評

水と空気の流れをつくり土中環境を改善することと、人間の生活がどのような関係を築くかをさまざまな建築的提案で導き出そうとする野心的な提案。必然的に高低差のある斜面地等の提案が多くなってしまうが、大地と人の活動の重なりの思考集として高く評価できる。例えば、風穴の原理を建築の外皮もしくは内皮として捉えようとする視点は貴重である。であるがゆえに、そこが「風や季節を感じる休憩所」のような説明にとどまってしまうのが惜しい。社会生活を成立させる「機能」を必要とする場所はなんだかんだ近代的な建造物を必要としてしまうとすると、土壌と人間が永遠に相入れなそうな近代的感性をまだほんの少し感じてしまう。例えば、風穴の原理が建物のつくられ方や気密性や断熱性などの建築性能を根本的に変える手がかりにならないか。そのような発展の気配を感じる期待すべき提案である。

（海法圭）

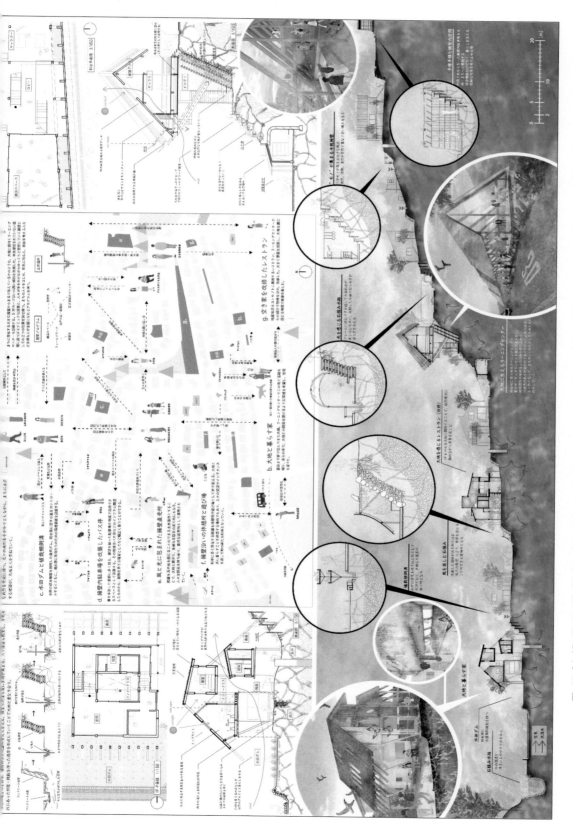

近代における急激な都市化や人間中心の開発事業によって排除されてきた、身近な自然環境を取り巻く構成要素の問題を顕在化させた提案。合理化に伴う社会的分業によって御膳立てされた土地の上で建築を考えるのではなく、全体像が見えにくい社会基盤づくりに目を向ける視点が良い。大地の循環から見直すため、土中環境を捉えなおすことで自然と人工の均衡した関係性を見い出すプロセスに多くの気づきが包含されている。例えば、コンクリート擁壁は斜面を覆いつくし、あたかも崩れることのないように見えることで自然災害に対する意識を無意識化させ、大地の呼吸を閉じ込めるが、人間がこの地球上で生きていく中で自然環境という他者と共存していかなければならないことを地形に沿ったいくつかの建築やフォリーで提示している点が興味深い。一方で、基盤の再読とあわせてつくられた建築が、刻々と変化する時間軸の中、自然環境との均衡状態が不安定になっていく過程においても、人がどのように自然と対話しながら関係を保ち続けようとしていくのかも詳細に述べられていると更に深みが増したように思う。豊かなものの本質に目を瞑りながら利便性を加速させる現代に、身近な社会を取り巻く自然環境を他者と見立て、過去に遡るのではなく現在の状況を受け入れながら新たな価値を付加していく本作品は、ささやかな日常を豊かに更新していける可能性をもっている。

（前田圭介）

優秀賞

桜島と生きる
－活火山を受け入れる建築－

栁田陸斗

鹿児島大学

CONCEPT

桜島は現在も日常的に噴火を繰り返し、火山灰を主として住人の生活に大きな影響をもたらす。
噴火が起こると除灰作業が必要になる。これがかなり大変で、建築には除灰しやすい仕組みが求められる。
しかし建築が全てを解決しては意味がない。住人も除灰をすることで、自ずと噴火の規模や頻度が感じられる。これが「ともに生きる」ではないか。
本計画では、建築的仕組みと住人の両者によって桜島と生きる建築を提案する。

支部講評

「桜島」を他者と設定し、降灰に耐えながら住民自らが除灰作業を行うための施設の提案である。これらの施設は、日常時は、地域の行事や作業などのコミュニティのために利用され、非常時は、避難所やシェルターなどの防災施設として利用される。屋根、庇、樋、側溝、などのエレメントは集灰のために丁寧にデザインされており、建築物に固有性を与え、街のアクセントにもなりそうだ。除灰作業や噴火など、とりわけネガティブなイメージがつきまとう「桜島」であるが、本作品はこのような現実に向き合いながらも、共に生きる島の未来の暮らしについて、リアリティのあるイメージを描き出した実直なアプローチが好印象だった。

（宮崎慎也）

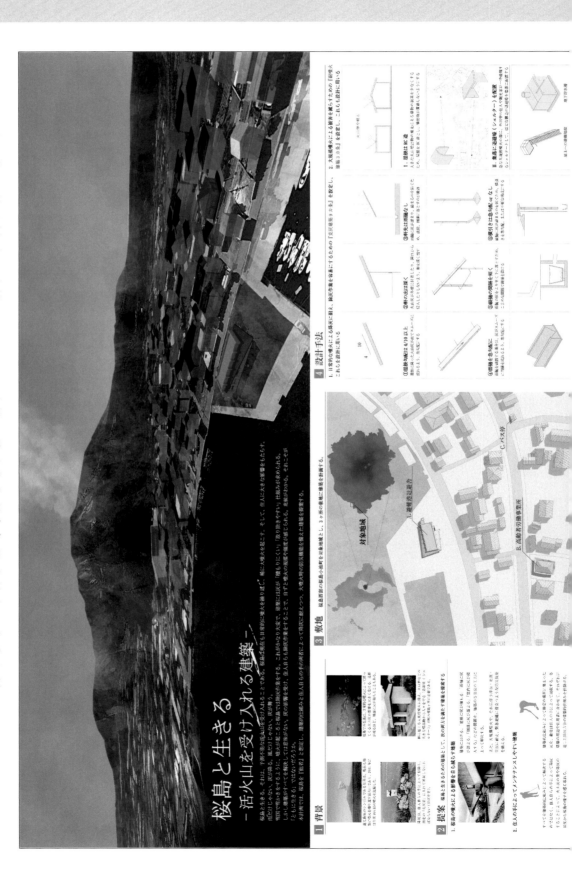

予測不可能な活火山である桜島を受け入れざるを得ない他者として捉え、どう共存していくのかを真摯に考え、地味ではあるが現実的な建築の解法を追求した作品である。「克灰建築９カ条」「耐噴火建築３カ条」と名付けられたシンプルな解法として設定されたディテールや建築のルールは汎用性をもち、活火山への畏れをなくしつつある集落にあらためて桜島と共に生きる建築として浸透しうる強さを秘めている。

"迷惑極まりない存在だが受け入れざるを得ない自然"というところに、「克灰」と同じく「克雪」という言葉がある雪国と通じるものがある。人が歩く道を確保するための雪かきは重労働であり平日休日問わず行う必要があるが当然のことながらその対価は１円も得られない。同じように桜島と共に生きる人々は、理不尽なものと理解しつつ受け入れて黙々と灰と対峙しなければいけないのだ。この地域で生きていくとはそういうこと、という覚悟のようなものがこの提案では感じられた。

設定されたルールはこの地域で見られるディテールをもとに、作者が発展させて考案されたものだという。提案の主体となる建築はそのルールが適用された既存の建物の改修２つと１つの新設のバス停である。機能を優先して設定された屋根の追加などであるため意匠としては地味極まりないが、この集落にある既存の、普通の建物に波及していくことを考えるとさもありなんと思われる。この地域では何が求められているのか、あるべき建築について誠実に応えようとしている姿勢が好印象であった。

（蟻塚学）

佳作

空き家はアソビバ、皆のニワ

清亮太　　　　　星川大輝　　　　　中村健人
木田琉誓　　　　松下優希
日本大学

CONCEPT

遊び声がうるさいと苦情をつけ、子どもの居場所を奪う大人たちが現れたのは、子どもと地域住民との間に距離が生まれたことが原因である。空き家を子どもたちの遊び場に変え、地域の大人たちの生活圏に子どもという他者と触れ合うことができる場所をつくる。子どもの活動が地域の中に浮き上がることで、大人たちに見守りの意識が芽生え、子どもを許容できるまちへと変わっていく。

支部講評

今後深刻な都市問題となりうる空き家を、世界的に注目されている「遊び」を切り口にあっけらかんと転用しようとする妙案。その楽観性は貴重である。一方で、純粋な遊び場に転用する手法は安直な側面もあり、子どもと大人がお互いを理解し合う具体的な場面を描写しきれていないのが惜しい。子どもの遊び場が広場から空き家に移っただけでは子どもに不寛容な現代社会を切り崩すことは難しい（空き家の隣家のオヤジからクレームがくる）。また、空き家に手を入れるのが結局大人である時に、子どもの環世界に触れられる空間になるか気がかりである。ミゲル・シカールが遊びを明確に定義できないことを示したように、現代社会においては遊びの価値を狭義の遊びから広げて考えることが肝要である。いずれにしても遊びと空き家を結びつける視点の提示は高く評価できる。

（海法圭）

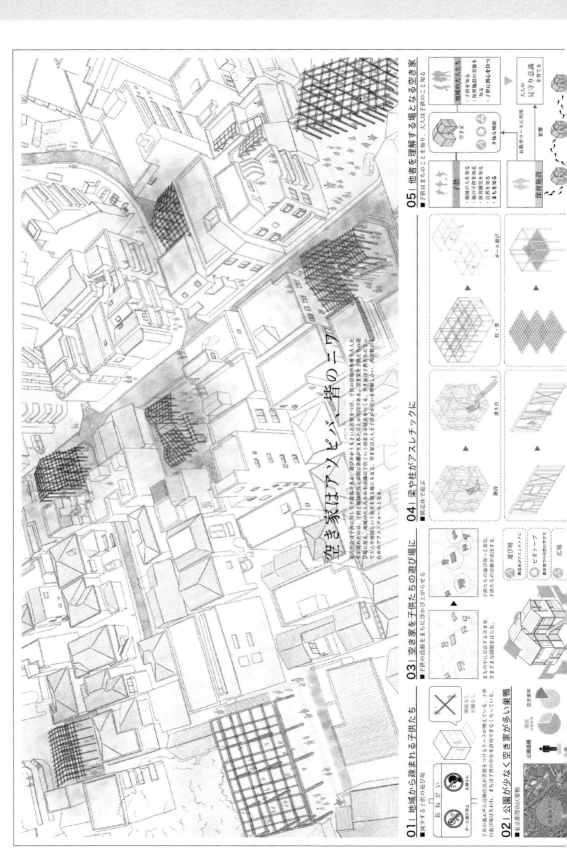

他者として「こども」を設定し、公園が少なく空き家の残る東京都豊島区巣鴨を対象に、木造空き家を地域のこどもの遊び場に改変する提案である。空き家の部材を取り外し、木造の構造体に階段、滑り台などの道具立てを設計し、地域の保育園と連携することで、「こども」を排除するのではなく、地域全体での見守りを促すことで、地域全体の社会的結束を高めるデザイン手法を提案している。空き家の床などを抜き、吹き抜け部分に滑り台やネット遊具を設置した「アスレチック」、屋根や床を抜いて雨や光を呼び込んだ「ビオトープ」、真ん中の床を抜いて、残した周囲の床を観客席に見立てる「スタジアム」など、家から建築的要素の引き算をすることで、空間的特性を生み出すことを基本として、遊び場のバリエーションを提示している。その審査では、「こども」を他者として捉えることの違和感や、空間の魅力や安全性、実現性への不安が議論された。が、減築することで、過密な都市空間に人々の集まる場所をつくるのは、人口減社会では、有効な手法であり、構想力、図面表現と共に、その手法の社会的な可能性が高く評価された。

（貝島桃代）

断面図　S=1:80

空き家 ▶ スタジアム

断面図　S=1:120

空き家 ▶ ビオトープ

断面図　S=1:150

磯礎
－防災と復興を見据えた島づくり－

中川晃都　　　　　岩﨑琢朗
井上了太　　　　　熊谷拓也
日本大学

佳作

CONCEPT

「他者」とは、自分の生活を取り囲む自然や人々、まちの事である。

そんな「他者」との関わりを顕著に感じ取れるのは災害時ではないだろうか。

近年、「南海トラフ沖地震」の対策としてさまざまなことが提案されているが、本土の被害が大きかった場合、島に住む人たちへの助け船は来るのだろうか。

日常と災害時を連続的なものとして捉え、島民がともに未来を生き延びるための島づくりを提案する。

支部講評

「他者」が具体的に何なのかを示されていないため読み込みが難しいが、仮に「他者」を「自然」として考えてみる。自然災害時、ここでは特に津波を想定した場合、それらと共存するカタチを積極的に提案しており、力学的に適したカタチかはさておき、ここにしかない建築、街、風景をつくっていこうという意思が感じられる。内部空間が一辺倒でやや退屈な空間になっているが、フジツボのような形態はあくまで躯体でありインフラであり形式とするならば納得ができる。ここからさらに、このフジツボが海岸線にあることで内陸のまちがどう変わるのか？　も考えられたら、より魅力的な島の姿が生まれるだろう。

（村山徹）

東日本大震災以降、防潮堤の在り方についての議論は尽きない。有事の安全に対しての備えはもちろん重要だが、海と共に生きていく町の日常の中で、巨大な土木構造物としての防潮堤の異物性は拭えない。

本提案は、この課題に対しての重要な投げかけを行うものだ。防潮堤を海と陸を強く隔てるものではなく、波の勢いを緩めながら受け流すための隙間を設けた分節された形状とする。更に、有事の際にもコミュニティを維持するための、日常的な交流拠点としての役割を備えた建築とすることで、まちのレジリエンスを高めることを目指している。

強固な外郭の中には、人々の日常的な交流の場が設けられている。多面体の形状は、力強く変化に富んだ空間をもたらす。有機的に連続する空間はさまざまな場をゆるやかにつなぎ、さまざまなアクティビティが同居することを支えている。

岩のような外郭は、人工物と自然物の中間的な存在として振る舞おうとしていると捉えられる。一方で、その存在の強さは、海辺の住宅地に対してはやや強すぎて、暮らしと海の関係をつなぐ上では、疑問も残ることは否めない。

「礎（いしずえ）」とは、大事な物事を支える土台のことをいう。建築は、日常的にも、有事の際にも、まちの暮らしの拠り所となることができるだろうか。震災から10年以上が経過した今、未だに明快な答えはない。本作品は、そのことを問い続けることが重要であることをあらためて投げかけた意欲的な提案である。

（高野洋平）

漂着都市

橋口真緒　　　　**山口丈太朗**
殖栗瑞葉　　　　**小林泰**
東京理科大学

佳作

CONCEPT

日本の難民認定率は 1.0%にもみたない。しかし、文化の異なる難民が来たとき、私たちは新鮮な日常の風景を見ることができるのではないか。そこで地域を一体的に利用し、「難民申請者」の人々が「生きるための仕組み/空間」をつくることを目指す。この提案では難民申請者と日本人が生産、共生、売買を媒介した3つの居場所を通して街を体験しながら、互いの暮らしを知り、融合させ、自分の「生き方」を見つけ出していく。

支部講評

難民受け入れの問題は、昨今のウクライナ情勢に関わるニュースを目の当たりにしてからというもの、私たちにとっても無関係とはいえないテーマである。本提案は他者を「難民」と設定し、東京都野方に残るかつての商店街や団地を、難民申請者が集い住まう場として再活用しつつ、その中から私たち日本人がさまざまな価値観を学ぶという設定である。設定自体は今日的で共感しやすいだけに、提案のアンコの部分である「他者から学ぶ」仕掛けが重要である。この点において、提案された3つの建築空間に対して、私たち日本人がどう介入し、どのようなシーンが繰り広げられるのか、提案書から読み取れるとさらに良かったのではないだろうか。

（落合正行）

漂着都市

01｜居場所を持てない人々

02｜野方

03｜設計手法

04｜他者に学ぶ

確実に存在しつつも一般には等閑視されていて、社会的な包摂が望まれる存在を「他者」と考えた時、日本における難民や移民の問題は、避けては通れない今日的な課題である。本作は、町そのものを一種の難民キャンプとすることで、町ぐるみで難民申請者を引き受けようとする意欲的な提案である。

想定されている「難民」の像はやや限定的ではあるが、就労許可を得ることのできない難民申請者が、半自給自足の自律的な生活を営みつつ日本社会へ定着していくというプロセスには一定の説得力がある。オープンスペースの多い団地敷地内を農地としたり、スターハウスのオープンスペースを拡張し生産・交流活動の場として読み替えたり、バラック的な木造密集商業地区の雰囲気を活かしつつ国際的なマーケットとして転用するなど、既存の都市空間資源の再解釈・利活用の提案としても魅力的である。

欲をいえば、外国人居住問題に対する提案として、周辺の住民との交流を促す仕掛けや、「難民」のもつ一様ではない文化的バックグラウンドへの配慮、教育・学習問題を含む日本社会への定着過程などが、もう少し具体的に検討されていれば、一般的なリノベーションの提案とは一線を画す、より深みのある提案となったのではないかと思われる。

しかしながら、このような解決の困難な社会的問題に建築の力で真摯に応えようとする姿勢を高く評価したい。同時に、コンペにおける提案に終わらず、実現に向けた取り組みを強く期待したい。

（柳沢究）

Ⅲ｜野方文化マーケット

Ⅱ｜団地

Ⅰ｜スターハウス

基町の再スラム化
−計画的無計画による公私解体への小さな後押し−

佳作

宮地栄吾 　　　松岡義尚
原琉太
広島工業大学

CONCEPT

かつて広島には「他者」がともに暮らす原爆スラムが存在した。しかし、基町高層の建設によるスラム解消は、その暮らしを奪い去った。

この暮らしが失われた原因は、壁や床などによる明確な公ー私の線引きにある。そこで、新たなエレメントにより公と私の境界を揺さぶり、「他者」を受け入れうる状態へと住人を教化する。それによる住人の自主的操作から、公ー私を解体するというような、小さな後押しとして無計画的な計画を行う。

支部講評

時間の経過に応じて、他者との境界が解きほぐされていく様子が、図面に丁寧に描き込まれており、適切なスケールで設計された空間がパースペクティブに良く表現されている。単に住戸間の壁を取り払うだけでなく、障子や棚など、日常的なエレメントを「公」と「私」のグラデーションを生み出すツールとして抽出し、それらの配置によって、他者とのつながりだけでなく、適切な距離感をも生み出している。これらの魅力的な空間がもし実現するのであれば、それはスラムのように自然発生的にではなく、この案のように想像力豊かな設計者が綿密な計画を行い、美しいイメージによって多くの人を巻き込んでいくことが必要であると思われる。

（土井一秀）

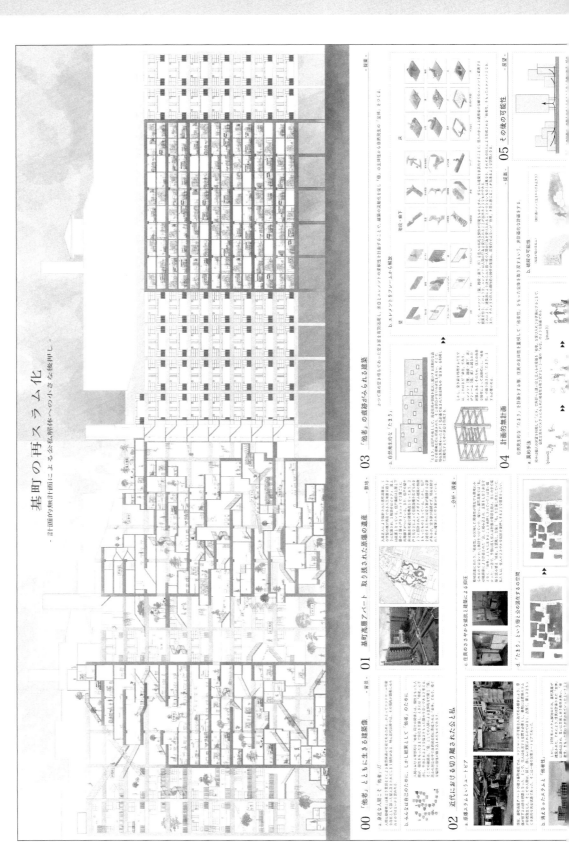

基町の再スラム化
− 計画的無計画による公私解体への小さな後押し −

成熟した都市の豊かさと逆行するように人々の交流は希薄化し、上辺だけの関係性を生み出している社会に対し、建築を通して人間本来の関係性を問うものである。戦後の広島で自然発生的に生まれた原爆スラムにおいて、モノがない時代に人と人との豊かな関係を生み出していた生活を補完するオブジェクトに着目し、現状の基町高層アパートの特性を再読しながら新たな価値を生み出そうとする意欲的な提案。いくつか用意されたオブジェクトとスケルトン・インフィルの取り合わせによって公と私の境界を横断していく、現在の社会制度へのシニカルな態度表明は、個の認識する領域がもつ自由な欲望が、まさに人と人とが交わりながら生きていくことを感じさせるものである。同時に、全体を認知しながら活動的な変化をもたらせている。提案ではさらに変化していく先に再びスラム化していく状態を創造している点が興味深かった。一方で、新たな再スラム化における状態と社会とがどう向き合いコミットしていけるのか、あるいは新たな手法で更なる後押しをしていくのか、そして基町高層アパート全体がどのように周辺地域へ波及していくかなど計画的無計画という名のユートピアで終わっている点が気になった。しかし、時代の変遷と共に場所を含めた歴史在る建築をチューニングしながら人間本来の他者に向き合おうとする姿勢は高く評価できるものである。

（前田圭介）

phase 1：接近の繰り手　　S=1/200

phase 2：繊物のうごんた　　S=1/200

phase 3：再町高層の暮らえた　S=1/200

日常をめくる
－他者とともに生きるやわらかな関係性のあり方－

本山有貴　　　眞下健也
有吉慶太　　　尹道現
神戸大学

佳作

CONCEPT

学校で会う人々との間に生まれる受動的な関係性でも同じ電車に乗っているだけの遠い関係性でもなく、自らが選択して獲得することのできる関係性にこそ、他者と影響しあいながら共に生きて行くきっかけがあるのではないだろうか。

人々の心理的な距離を近づけ、個人の場を作るという、二つの役割を持つカーテンという仕掛けを既存の公共施設に挿入することで、自らの意思で自然に他者とともに生きるやわらかな関係性を生み出す。

支部講評

神戸市六甲病院健康管理センターの再建計画を対象として、カーテンという素材を用いることで公共空間に個人的空間の確保に加え、自発的なコミュニケーションと他者との柔らかなつながりをつくり出すという提案である。屋内空間の提案にとどまらず、六甲おろしの風解析等をおこなった上で外壁も膜によって覆うことで、建物の閉塞性を改善すると共に環境を配慮した設計となっている点が評価される。本来の医療機関という機能を超えて、自然環境への配慮や社会的な関係性の想像などをもたらす豊かな空間をつくり出している。医療施設の利用者に加え、近隣の住民や子どもたちを含めたさまざまな人々が交差する拠点を鮮やかに描いており可能性を感じる作品である。

（落合知帆）

現代社会において、私たちはさまざまな階層構造の中に生きている。それは、社会システムであったり、オンライン空間であったり、都市空間であったり、と表れる。階層構造は、各階層の間に境界をもっている。その境界面の感じ方は人それぞれだ。境界に対する想像力によって、ある者は自分が隔絶されていると感じ、ある者はそれを境界と感じなかったりする。境界を越えていく想像力こそが、人が生きていることを体感する他者とのインタラクティブな関係を結ぶのである。

本提案は、建築がつくる「境界」を再定義し、自分と他者の関係性を再構築しようとするものである。既存建物の大分の壁を取り払い、全体を環境と呼応するやわらかな膜で包み、自然の移り変わりに呼応する。柱、梁によるフレーム状の空間にグリッドを横断するようにカーテンをかけ渡し、視線が透け、やわらかく、変化する曖昧な境界面を生み出す。自然や人間の営みを映し出すような建築が提案されている。

私たちはこのような柔らかく、曖昧な境界に憧れを抱いている。外部と内部、人間と人間を切り分けるのではなく、つなぐ建築が模索されてきた。その一つの回答が、境界そのものが柔らかく透明であることである。

一方で、私たちの想像力はもっと逞しいのではないかとも思う。ガラスは透明でありながらも、本当に透明な境界をつくることはできない。他方、私たちは厚い壁の向こうにも世界を想像することができるのである。

本提案が目指す「やわらかな関係性」に建築がどのように答えうるのか、更なる探求が期待される。

（高野洋平）

官民学連携再開発計画
住民が主体性を持ち、公共を担うまちづくり

青木優花　　　　　加藤孝大　　　　　岩渕蓮也
杉浦丹歌　　　　　浅田一成

愛知工業大学

タジマ奨励賞

CONCEPT

本提案では他者を開発とし、ともに生きるまちを考える。そこで、従来の地域性や人間関係等を一変する各地の市街地再開発事業に問題を提起する。本来、建築や都市はそこで生きる人々による小さな開発によって改変されてゆくものである。本提案では再開発事業の様な他者と化した大規模開発に対して、公共をきっかけに住市民が主体となるまちづくりの手法を考える。

支部講評

阪神淡路大震災によって甚大な被害を受けた神戸市長田区における市街地再開発。行政主導で行われる合理性を追求した画一的な開発手法に疑問を感じ、文化・歴史・コミュニティといった土地がもつ財産を継承する住民主体の再開発計画を提案している。そこにあった行為や営みを言語として抽出し、新しい「公」の空間に再構築する試みはワークショップ手法の原点のようにも捉えることができ、何かを大切にしながら建築をつくりあげる一つの手法を提示している。一方で提案された計画案は従来の用途の組み合わせであり、敷地全体もユニットの繰り返しによる「画一性」を感じてしまう構成となっているのが少し残念である。土地の良さを手掛かりにして建築を更新することにより、そこにしかない魅力的な開発が行われるという主旨は大いに共感するところであり、今後の可能性を感じられる作品である。

（三宗知之）

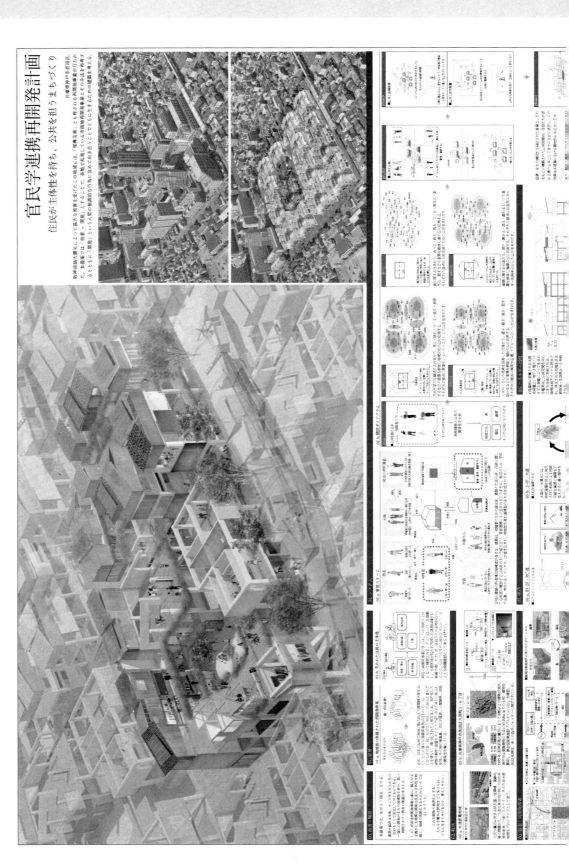

市街地再開発のローカライズ手法の提案である。大規模な市街地再開発という行為を、都市に巨大な「他者」を発生させる行為として捉え、その他者をどのように既存の住民間の関係性や土地の文化・歴史に引きつけて新たな空間を構築するか、という問題に取り組んでいる。

再開発後に必要とされる床の種別を丁寧に設定し、従来の再開発にありがちな下層階に商業施設・上層階に居住部という、単純な下駄履き構成とするのではなく、種々の公共的用途を散在させながら、断面方向にも複雑に入り組んだ構成が魅力的である。地上階はやや薄暗いであろうが、アジア的な活気のある界隈空間が生まれているかもと思わせる魅力がある。

しかしながら、再開発に対するオルタナティブの提案としては、事業の採算性を担保する床面積の増加が従来手法に比してどの程度確保されているのか、あるいはそれに代わる事業価値を創出する仕掛けがあるのか、といった説明が不十分であった点が、残念ながら全国入選に至らなかった理由の一つとしてあげられる。また、提案の全体像を示す絵が一つの街区の形状のコピー＆ペーストであったことが、ミクロな地域の固有性に向き合うべき提案の説得力を弱めていた点も惜しまれる。

とはいえ、地域性を無視した市街地再開発が今なお横行する現状に対して、正面から異議申し立てをする意欲的な作品として評価したい。

（柳沢究）

うみまとう
～島特有の時間経過とアサギマダラの軌跡から紐解く、休息地の建築的再解釈～

タジマ奨励賞

釘宮尚暉　　　　　齊藤維衣
津田大輝
日本文理大学

CONCEPT

相似性を持つアサギマダラと島の若者は、海と共に生き、海という媒介者によってお互いが繋がっている。そこで、「分散していく両者を海で繋ぎとめる」そんな休息地を提案する。アサギマダラには、その軌道上に人が介入できない「絶対的な休息地」を、人には潮の満ち引きを建築内に取り入れた島ならではの「時間の流れ」を与える。海と一体化した建築で生きることで、分散する両者が記憶を辿って再びこの休息地に舞い戻る。

支部講評

未来に消えかねない小さな島を舞台とし、人間と自然の一時的な接点の場を創造する計画。水面という絶対的水平線の上に、人間のための床スラブとアサギマダラのための屋根という2種類の線を重ね、潮の満ち引き・蝶の飛来・成年の帰島に見られる異なる時間軸をさらに重ねている。この計画自体も消えゆくかもしれない島の現実への解答として、タイミングよく帰島する若者の設定には疑問が残るが、海を他者とし、あるいは海を介して互いを他者として認識しあう情景は幻想的で美しく、悲観すべき将来像の一端を逆説的に提示する。ある種のレクリエーションに特化した休息地というプログラムが、水上でつなぎ止められた両者の儚さを存分に表現している。

（山田浩史）

立面図 1:150

立面図 1:350

立面図 1:200

平面図

立面図 1:300

立面図 1:250

立面図 1:300

浅瀬時

干潮時

海を渡り島を訪れるアサギマダラという蝶と、島を離れて行く若者を重ねて他者として捉え、休息地という建築でその二者のための空間をつくる提案である。敷地となる大分県姫島村は人口約1600人の離島であり過疎による人口減少に直面している。少子高齢化に加えて島に高校がなく若者は進学と同時に島を離れるため、過疎の流れは止めようがない状態にある。

この提案で計画されたアサギマダラのための絶対的な休息地が蝶に遺伝子的な記憶を与え再訪を促す。そして海・ビオトープと蝶が交わる美しい光景が、若者にとって幼少期を過ごした島の思い出として一生残る。ふとした時に島のことを思い出してほしい、そしてあわよくば大きくなって島に帰って来てほしい、というストーリーである。浅瀬に軽やかに浮かべたような建築は厳島神社のように潮の干満で変化し魅力的である上、アサギマダラの生態に配慮したポイントが随所に織り込まれている。一方で、これだけの大開発が本当に必要なのかという議論は審査の途上で交わされた。そこは計画に対する必然性・説得力の部分をもっと磨くべきであろう。

具体的な産業を生む計画であれば若者が定着するストーリーとしてユートピアを描けたかもしれないが、この計画では若者に与えるインパクトは記憶だけにとどめている。作者はどこかウソっぽくなってしまう理想像よりも冷静に現状に寄り添うディストピア（の中で最も幸せな光景）を選んだ。もはや人口減少は抗いようのない事実として、その中でどう生きるかを追求する姿勢は現代的であるともいえる。

（蟻塚学）

33

水都之交
－資源を紡ぎ環境に帰る－

熊﨑瑠茉　　　　　橋村遼太朗　　　　　山本裕也

大塚美波　　　　　保田真菜美

愛知工業大学

タジマ奨励賞

CONCEPT

私たち人間は他者である環境とともに生きているだろうか。

河川や湖の埋め立てなど環境そのものを支配する生き方、あるいは自然保護区指定による環境に手をつけない神格化はかえって破壊を招き、地球温暖化をはじめとする環境問題を引き起こす。

そのどちらでもない環境との生き方を今一度、新考すべきである。

既存の環境資源を活用する暮らしの提案により、環境を暮らしの資源へと転換し、環境に帰る本来の風景を掲示する。

支部講評

琵琶湖に接続する「内湖」と、そこから流れ出る湖水が暮らしを支えている集落を環境共生のモデルとし、新たな循環型コミュニティを創造するというアイデア。「環境」を他者として捉え、人間はどのように他者と共存していくかを表現している。テーマには訴求力があり、環境技術と建築的アイデアを組み合わせて解決していこうとする姿勢は、すべての審査委員が評価した。

ヨシの群生や廃材などを入れた蛇籠による堤防を構築し、湖水がろ過される具体的なシステムを提案している。その水を生活に取り込む、地域一体で循環型の親水生活を創出する姿を描いている。設計者の意図や考え方、背景をじっくりと読み込むことで、提案の深さを感じ取ることができた。このアイデアの原点を大切にし、設計者が将来の社会貢献に寄与できることを楽しみにしたい。

（南浦琢磨）

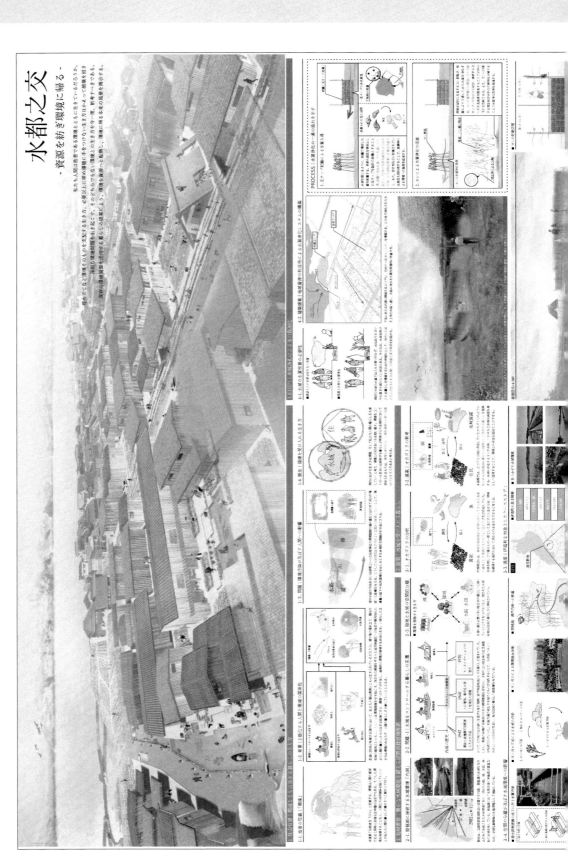

美しく広がる琵琶湖の風景には、川や海とはまた違った、湖ならではの穏やかな安心感がある。人々の生活と共にあった少し前の琵琶湖の内湖は、水質浄化作用や生物の成育の場としての機能があったといわれている。

そして、人々と水との豊かな関係性を彷彿とさせる姿が今も残る伊庭町の水郷集落。そんな豊かな生態系の循環が、干拓による水域の消失、ヨシ刈り不足による水質汚染など近代以降の社会の変化に伴い失われつつあるという。他者としての「環境」と人間とが共存し豊かな暮らしを取り戻すためにできることは何だろうか。環境をコントロールもしくは排除するのではなく、人間も環境の一部であることを受け入れ、活用し共生するための、極めて質の高い提案である。さまざまな地域資源を活用した循環システム。すっかり分断されてしまった水郷集落の陸と水路に手を入れることによる関係性の再構築。ここならではの豊かな風景を取り戻す手法が、綿密なリサーチを元に非常に丁寧に描かれている。さて近年、線状降水帯など過去に経験したことがないほどの豪雨災害が全国的に起こっている。琵琶湖の水位はコントロールされ溢れることはまずないともいわれているが、想定外が起こるのが現代の災害である。ここに描かれているユートピア的な水辺の風景に加えて、牙をむいた他者（＝環境）をも受け入れられる仕組みとはいかなるものなのか。更なる思考の深化を期待したい。

（赤松佳珠子）

個性を紡ぎ
織りなすよりどころ
－異なる『個性』とともに生きる住商空間の提案－

鈴木蒼都　　　　　名倉和希
加藤美咲　　　　　川村真凜
愛知工業大学

CONCEPT

人は他者とともに生きることで自己を知り、形成していく。

「他者との違い」は自己をより豊かな存在へと導く。

一方で現代社会においてその「違い」は生きづらさの原因ともなっている。

同じ「違い」であるのにマイノリティであるだけで「生きづらい違い」になってしまうのはなぜだろう。

他者との違いが形成する『個性』を介して、暮らしの中でともに生きることの価値を最大限引き出す『個性』とともに生きる建築を提案する。

支部講評

地方中核都市の開発が遅れたエリアにひろがる商店街の改修プランである。かつて多くの店が活気のある街の雰囲気をつくり上げていただろうが、昔の商空間を取り戻そうとするのではなく、住空間として『個性』を発信する場所に転換しようとする試みは共感を覚えた。入居者と家主の住空間を確保するために設けられた裏路地や、いくつかの建築的エレメントは段階的なコモンを丁寧につくっている。一瞬、ショーケースのように生活を無頓着に公開することに疑問をもったが、階段や廊下など名前のない場所が生活を垣間見せてくれることは、「他者」を受け入れる契機になるように思う。商空間のように人の多いパースではなく、静かにしっかりと生活している様子が見えるシーンも見てみたい。

（白川在）

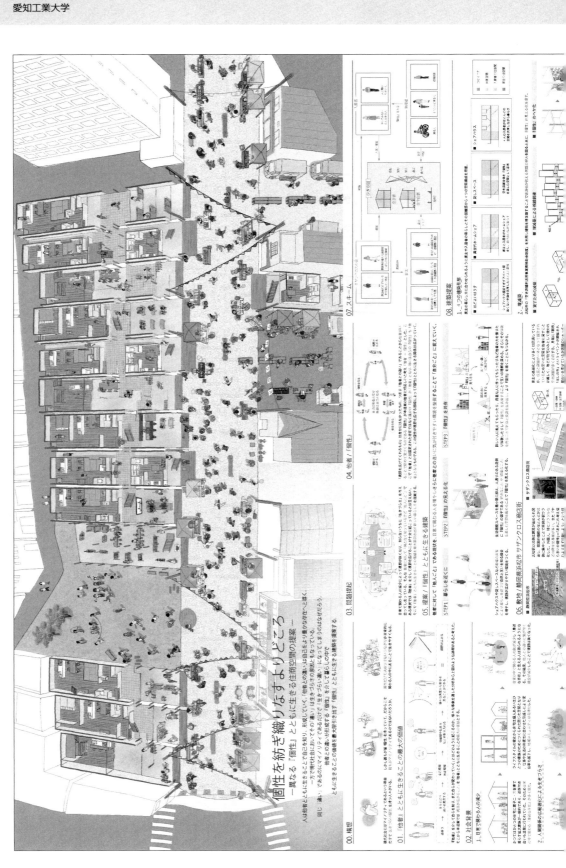

街のオモテであったかつての商店街は開発によってウラとなりエリア全体で疲弊している状態に対して、職住一体のヒューマンスケールな個が数珠つながりでトオリへにじみ出ることで新たな価値を創造している点が興味深い。時代に取り残されたともいえる長屋型式の建築に対して、個性を引き出す商店街のエレメントと精緻なスキームと組み立てにより、いくつかのタイプ別に建築を分節しながら表トオリとコモンスペースとしての裏トオリの計画が魅力的であり新たな職住一体の可能性を感じさせた。一方で、表トオリの個性スペースをつくり出す建築空間の骨格と合わせファサードが画一的に見える点が気になった。個性を引き出すエレメントと呼応するようないくつかの形態や素材の組み合わせが考えられていると、より個性的な環境になったように思う。また、長屋を分節したことによる裏路地と呼ばれるコモンスペースの空間性やそこで自然発生的に生まれるであろう他者を受け入れる個の交流についても、もう少し日常的なコトとあわせて建築的な魅力が描かれていると深みが増す提案になっていたと感じた。小さな個が集積し平面的な広がりをもつ商店街というエリアに対してハードとソフトを綿密に積み上げていく提案は、今の時代だからこそ新たな個の価値を生み出す可能性を感じさせてくれた。

（前田圭介）

雨奇晴好
〜水害とともに生きる建築〜

丹羽菜々美　　　院南汐里
久保壮太郎　　　笠原梨花
愛知工業大学

CONCEPT

「水災」として受け入れ、工夫を凝らし生きてきた輪中地域。

しかし、近年の過剰な堤防の整備や行政サービスによって「水災」を排除しようとしてきたことで、「水害＝他者」へと変化した。

本提案では、「既存水屋」「高床施設」「フローティング施設」の3つをみんなの水屋として日常的に活用し、新しい自治を再構築する。また、流域治水の考え方を基に共同体の中での役割を認識し、他者を少しずつ受け入れていく方法を提案する。

支部講評

輪中にとって恵みの水が遠い存在となってしまった。そんな問題意識からの提案。大垣輪中の釜笛地区にかつての堀田（堀上げ田と堀潰れ）を再生し、既存水屋に高床建築と浮遊建築を加えた「みんなの水屋」を設計するものである。それらの建築からは水屋・舟が連想され、活用からは堀田の循環的営みが想起される。イメージの二重化が仕掛けられている点が面白い。近年の豪雨災害の激化に対応すべく打ち出された政策的転換「流域治水プロジェクト」では協働が強く唱えられている。水と人とが合律的に関わる仕組みを創り、輪中の日常が接続される新たなランドスケープを育てる本作品は、郷愁的な空想ではなく現に願い求められるビジョンの具現化なのである。

（夏目欣昇）

水害を他者と捉え、揖斐川水系の自噴帯にある岐阜県大垣市釜笛地区を対象に、輪中暮らしの自治の在り方を、空間から提案している。堤防によって区分けされていた地域に、流域治水を失われた堀田を復活させることで行い、「既存の水屋」「高床施設」「フローティング施設」の3つの建築からなる「みんなの水屋」とよばれる拠点を提案した。これらは、地域住民によって設立された法人により、民間企業や宿泊客なども加わりながら、工房、ゲストハウス、直売所、レストラン、チャレンジショップとして運営される。災害時だけでなく、日常的にもそれらを使うことを通して、水害の知恵を暮らしの知恵として蓄積する。水害と共にいきる地域の知恵をみなで学び、自治力を高める建築の在り方は重要である。地域に住む人々のプロフィールと生活リズムなど、丁寧な調査によって得られた結果を建築の形と共にプログラムとして示した作品であり、その豊かな表現と案の総合性が評価された。

（貝島桃代）

タジマ奨励賞

熟成する団地
－老いを受け入れ地域と共に生きる暮らし－

服部楓子　　　　後藤由紀子
明星拓未　　　　五家ことの
愛知工業大学

CONCEPT

老いは人と都市に分け隔てなく訪れるものである。しかし、現代では歳を重ねることはマイナスなイメージに捉えられている。高齢化が進む現代において、今まで生活してきた場所で「老い＝他者」を受け入れながら暮らすことが必要ではないか。

本提案では、人々が長期的に暮らすための「終活」「集活」「修活」の3つのシュウカツを通して、住民たちが主体的にコミュニティに参加する場を形成し、使いこなしながらまちを縮小していく。

支部講評

1970年の入居開始から52年が経過している住宅団地の入居者に焦点を当て、老いを受け入れながら地域と共に生きる暮らし方を提案したものである。誰もが抗えない「老い」を「他者」とし、長期的に暮らすための3つの「シュウカツ（終活・集活・修活）」を通して、使いこなしながら団地を縮退している。板状住宅、スターハウス、二戸連住宅が混在している地区を題材に多様な活動が提案され、住み替えに伴う減築や住機能の分解によるさまざまなシュウカツの場が展開されている。老朽化していく住宅団地の住まい方の提案であるが、既存住宅団地の形態に捕らわれない造形的なデザインや空間構成、新しい機能（Society 5.0対応等）が展開されればより魅力的な提案となるか。

（小野寺一成）

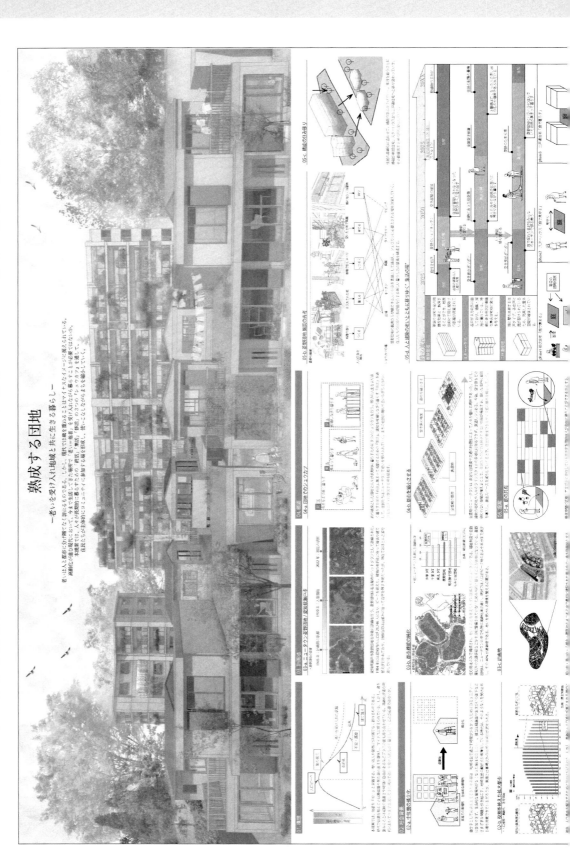

熟成する団地
－老いを受け入れ地域と共に生きる暮らし－

人間も建築も常に時間の流れの中にある。「新しい」「古い」は時間の中に相対的に存在する概念である。このような時間の流れを受け止めることは「老い」を受け止めることである。高度経済成長期に次々と建設された団地は、輝かしい未来に向かって永遠の今を獲得したかのような存在だった。しかし、社会の変化の中で、団地はどのように「老い」を受け止め、如何にして終末を迎えるかが問われる存在になっている。

本提案は、「老い」を他者と捉え、これを受け入れる暮らしの在り方を考えることで、永い時間軸や、広い社会の循環の中に建築や都市を位置付けようとするものである。老朽化した団地を舞台として、団地を縮小させていくプロセスの中で生じる隙間に着目し、隙間をきっかけとした「集活」「修活」によって、老いを迎える住民の暮らし「終活」の豊かさをもたらすことが提案されている。団地のビルディングタイプ毎に段階的な減築を行うことで、住み替えを繰り返しながら、マッシブな箱が徐々に庭と一体となった環境へと変化していく姿が時間軸と共に丁寧に描かれている。

近年、持続可能な社会についての議論が盛んだが、持続することを考えることは、人間や建築の「老い」を受け止め、循環の在り方を考えることである。建築の設計は、新しくつくることにとどまらず、その先の循環をデザインすることへと広がっていく。本提案はその可能性を示唆するものであり、より豊かな時間の重ね方への希求が期待される。

（高野洋平）

支部入選作品・講評

支部入選

かたちをほどく

加藤雅大
花田翔太
室蘭工業大学

CONCEPT

これまでの建築は、用途や機能などによりビルディングタイプが形成され、使う人は自然と行動が制限されてしまう。

本計画では、他者を「自己以外の人間」と想定する。自己は他者の考え方を知り、それに影響され自己を確立させていく。自己と違う他者の考え方を知るための媒介となることが建築のあるべき姿ではないだろうか。空間に機能を与えないでかたちだけをつくり、建築の本来持つべき役割を果たす建築空間の提案を行う。

支部講評

形態から機能を剥ぎ取ることで、形態に機能を見出す人間の力を引き出そうとする試みである。現段階ではその答えを十分に得ているとはいい難いが、その問い立ては評価したい。出来上がっているのは細切れにし、少しずつ高さを変えたスラブが広がっている構造物だが、そこに機能を与えないと宣言するだけでは、無意味な構造物ができるだけである。さまざまな機能を可能にする形態とはどんな状態のものなのか、さらなる熟考が必要である。問いがあればいつかは答えが得られる。いつかその答えを見せてくれることを期待する。

（久野浩志）

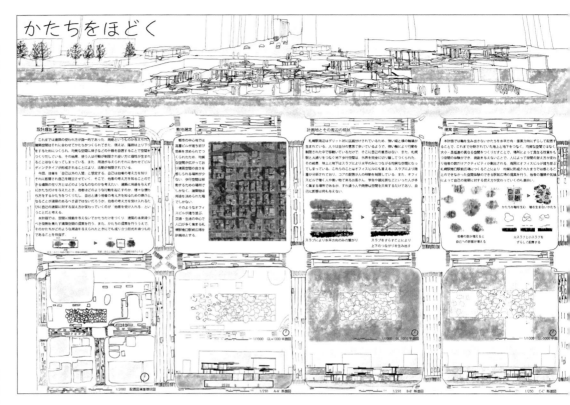

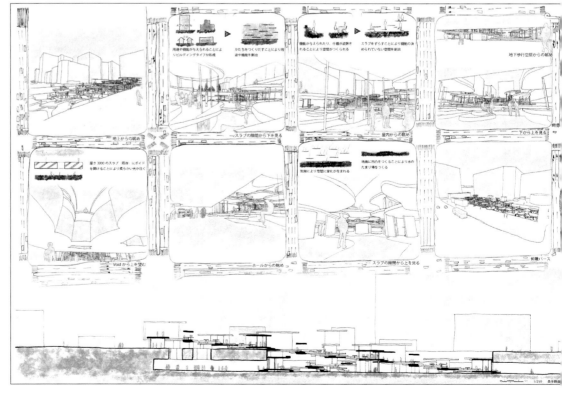

44

「わ」

北山寛之　　　　岩城隼人
梁家銘

早稲田大学

CONCEPT

北海道にある屈斜路湖は夏鳥が繁殖地として、冬鳥が越冬地として訪れることで有名である。ここは天然の温泉地であり、渡り鳥と人が共に温泉に浸るといった共生する風景が残っている。しかし、近年人間による好意的な餌付けが生態系を乱している現状が問題である。そのため、人と渡り鳥の良好な関係を守りながら、水草を育て渡り鳥が採食できる場を提案し生態系を守ることで、渡り鳥と人間が共に生きる空間、生活景を絵描く。

支部講評

餌付というお互いに依存し合う関係ではなく、ただ寄り添いながらその場に佇む対等な関係をつくること、人も鳥も圧倒的な情景の前ではお互いがモブとなることにこの案の清爽さがある。「わ」という円環状の図式は、二者が正面に向き合う時は最も遠く、同じ方向を向く時は最も近接するという位置関係をつくり出すものである。それは「他者とともに生きる」ことの距離感として極めて示唆的であろう。

形態、説明、プレゼンテーション、すべてが絶妙な手数に抑えられており、明瞭さと抒情性を両立させていることも評価したい。一方で、具現化の際にそのリリシズムがわずかにでもリアリズムへと振れた時、この世界観を維持できるかが問われる。

（松島潤平）

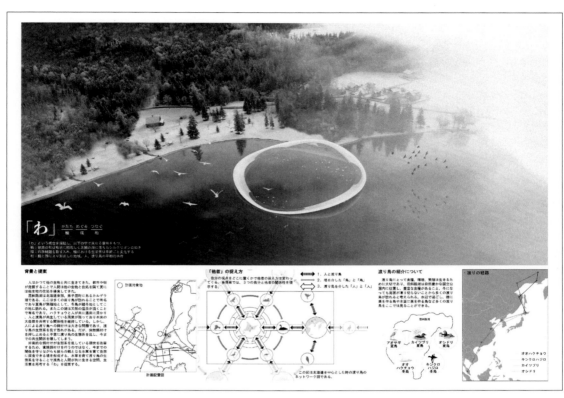

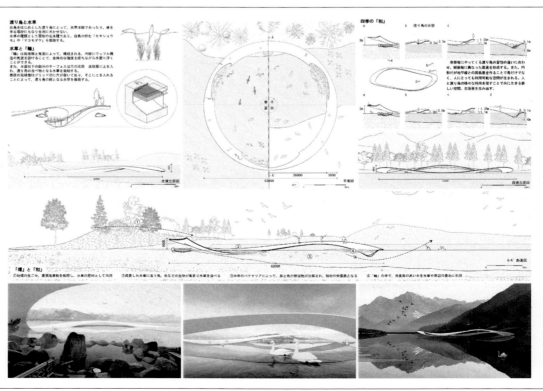

クリエーション アンド ラーニング トープ

武田亮　　　　　木村華
吉岡昇一
東北工業大学

CONCEPT

他者とは意志を持つ主体であり、それらのふれあいは生きていく上で必要なことである。意識の矛先にある対象は、常に他者によって創造されている。そこで他者を知ることで、始めて自らの創造が可能となる。この「創造＝クリエーション」を介した他者とのふれあいをベースとした、新しい生産施設を提案する。そこは、我々人間をはじめとした生物の創造の場となり、創造を介した学びとふれあいの場として、まちの中心を担っていく。

支部講評

かつての民家や町家は生活と生産が一体化しており、都市や集落の中においても、ものづくりの場は身近にあったとみることができる。合理的な生産・流通・安全のために、ものづくりの場は整理され、生活とは離されてきた。本提案は、地方都市の駅前にあるアルコール飲料工場をコンバージョンして、ものづくりを核としたあたらしい工場公園とする提案である。もともとの工場を道の駅や市民活動を支える展示室として転換し、すでにある工場内の小さなビオトープを敷地全体に広げて、これらを編むように通路でつないで一体化している。工場という生産の場にあたらしい価値を与え、都市にものづくりの場を取り戻す提案として評価できる。

(濱定史)

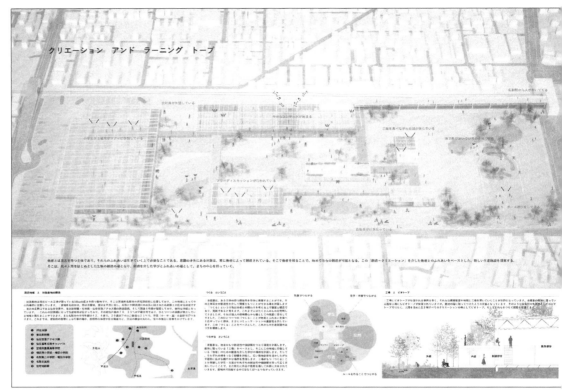

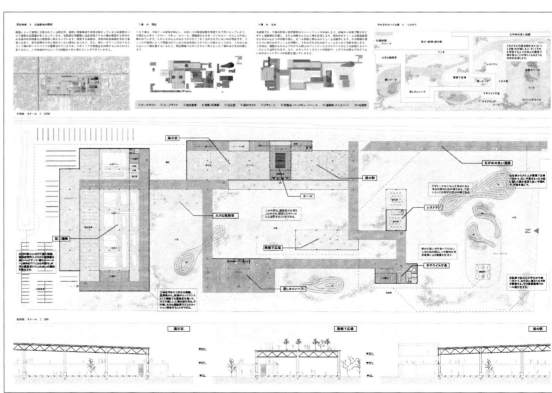

郷土の遡上
サケ漁から拡がる復興まちづくりの提案

廣瀬憲吾
青山柊

立命館大学

支部入選

CONCEPT

震災前の風景、産業を基盤とし復興計画を行う。

震災前、浪江町ではサケ漁が盛んに行われ、浪江の日常風景として地域に根ざしていた。そこで、サケ漁の拠点を再生し、他者の季節居住可能とする。サケ漁をきっかけとし、浪江町民が他者とかかわりあい、浪江の将来を語る。浪江町民にとって他者を受け入れることができる新たなまちづくりが可能となる。

支部講評

かつて浪江町では、秋になるとサケの遡上にあわせて地引網漁が行われ、漁に精を出す人、それを歓声を上げながら見守る人で大変な賑わいを見せていたという。本提案は、そうした東日本大震災に端を発する原発事故が失わせた故郷の光景の復活だけでなく、他者を「未来の浪江町民」とすることで、いまだに避難生活が続く住民を多く抱える地域における再定住の可能性を、生活文化の視点から提示しようとする意欲的なプランとなっている。生産を目的としたサケのふ化場に、さまざまな場面における「見守る」という機能を加えることによる、かつての住民の態度を空間に実装させた試みは、柔らかなつながりを育みながら他者が住民となっていく過程を想像させる。

（田澤紘子）

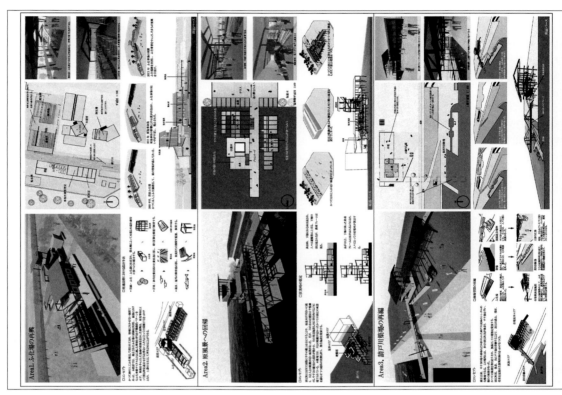

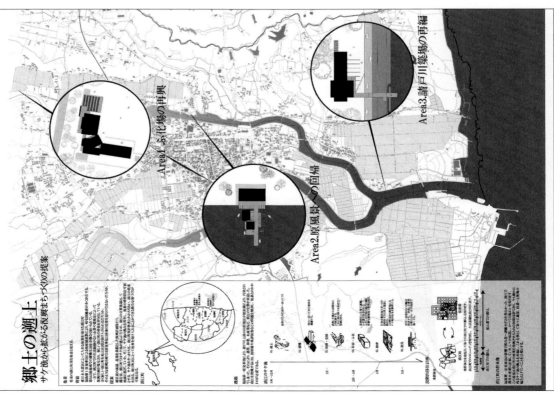

畏怖

唐木雄太郎　　堀内葉菜
佐藤瑠美

早稲田大学

CONCEPT

暴れ川という呼び名を持つ阿武隈川で、刻一刻とめまぐるしく変化を遂げている「砂嘴」を他者として捉え、巨大な「砂嘴」の対岸に、これからの自然との共存の在り方を考え直すきっかけを与える建築を設計する。「砂嘴」の変化を自然の力の象徴と捉え、ここを訪れた人々が、建築を媒体とし、大地が消え再び生まれ変わる姿を目の当たりにすることで、自然に対して力の脅威、壮大さ、そして畏怖の念を抱く。

支部講評

本作品は、阿武隈川の河口にできる砂嘴と対峙し、自然との共生を考える契機をつくろうとするものである。阿武隈川は古くから舟輸が盛んで、人々の生活と密接に関わる一方で、暴れ川との異名をもち、度々氾濫し甚大な被害をもたらしてきた。人間とは違うリズムで形を変化させる砂嘴。作者はそれを「畏怖」と呼ぶ。砂嘴の向こうにある、得体の知れぬ自然を再認識する場をデザインしようと果敢に取り組んでいる。建築はその時間的スパンの長さから、自然と対比し考えられるが、この建築と自然がぶつかり合うところにデザインの可能性がある。その境界面をより多く考えることで、深度のある展開ができたとも感じた。

一方、受け手を納得させるようなプレゼンテーションの美しさは、評価された。作者の今後の取り組みに期待したい。

（斉藤光）

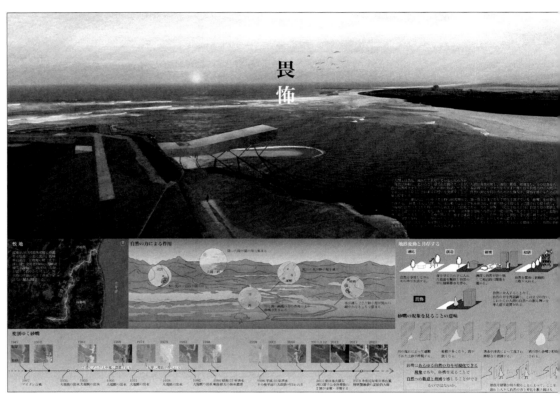

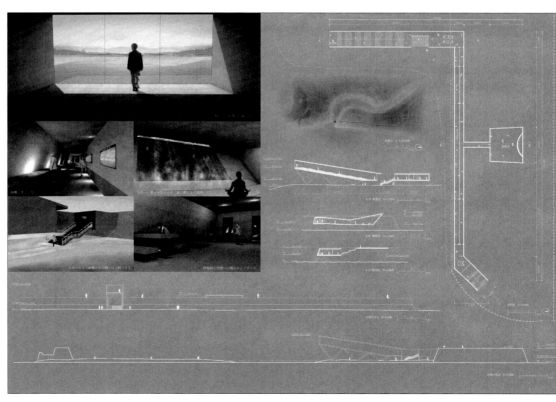

支部入選

まちなか水槽

沖田紅葉　　　　佐藤天哉
工藤秀俊　　　　相原健都
日本大学

CONCEPT

水産業が盛んで海から多くの恩恵を受けて暮らしてきた街、山田町。東日本大震災による大津波で、中心市街地では甚大な被害を受けた。巨大化する防潮堤に高台への住居移転。暮らしから海が遠ざかり、薄れていく町人と海とのつながり。そんな町に、海とつながった水槽を点在させることで、日常的に海を感じることができるだろう。水槽は、震災前の商店を再現し、懐かしい街並みを再生すると共に、伝承記録として次世代へ残していく。

支部講評

「まちなか水槽」は審査当初、評価の低かった作品であったが、審査員のひとりが「この作品の面白さ」について語り始めたことで、審査員の評価が一気に広がった作品である。東日本大震災の被災地にとって、大震災を引き起こした海は最も「他者」として相応しい存在であるかもしれない。そんな海を水槽の中に、まちの中の生活の中に閉じ込めることは、津波災害の記憶を自分たちの内部に育み続けることである。それこそが「他者とともに生きる建築」であると表明されるのであれば、それはその通りだと感じた。

（手島浩之）

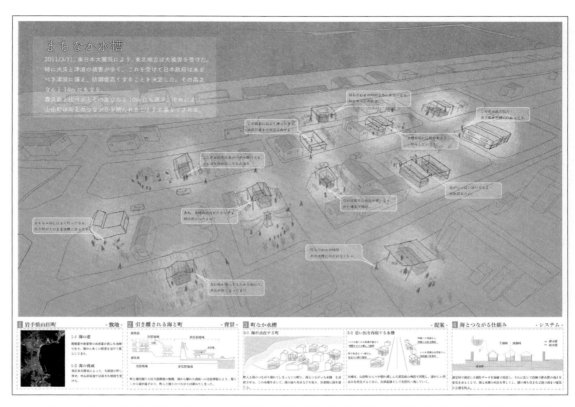

① 岩手県山田町　- 敷地　② 引き離される海と町　- 背景　③ 町なか水槽　- 提案　④ 海とつながる仕組み　- システム

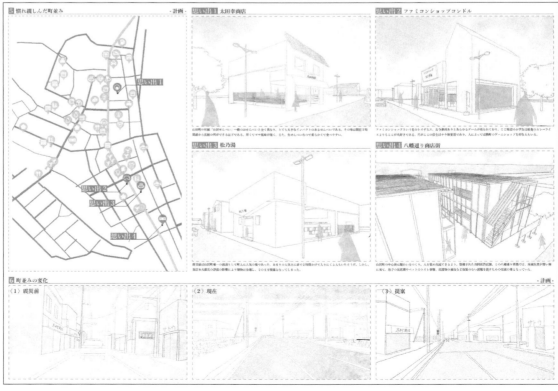

⑤ 慣れ親しんだ町並み　- 計画　　思い出1 太田幸商店　　思い出2 ファミコンショップコンドル

思い出3 松乃湯　　思い出4 八幡通り商店街

⑥ 町並みの変化　　〈1〉震災前　　〈2〉現在　　〈3〉提案　- 計画 -

駅ナカ福祉
日々の暮らしによりみちデイサービス

木田琉誓　　　福屋亮平
清亮太
日本大学

支部入選

CONCEPT

高齢者という他者は、時に社会からお荷物として疎まれている。その原因は、福祉に対する親しみの不足である。駅とデイサービス施設を一体化することで、人々の日々の暮らしのなかに福祉に触れる時間をつくりだす。駅での待ち時間や帰り際によりみち感覚でボランティアができることは、福祉施設の人手不足の解消にも寄与する。駅の利用者は毎日福祉に触れることで高齢者を知り、福祉への意識が育っていく。

支部講評

特に都市圏では駅を利用する生活が中心となっており、駅にはさまざまな施設が複合している。その中、ありそうでなかったのが福祉施設との複合であり、本提案は千葉県習志野市を対象にして駅とデイサービスの複合の在り方を提示している。ここでは他者を「高齢者」と設定し、生活の中心である駅だからこその、さまざまな人々における高齢者との接点のつくり方を提案しようとする、社会性の高い試みである。しかし、駅とデイサービスの間に「見る見られる」の関係以上の接点が少なく、もう一歩踏み込んだ関わり合いがみられるとより良い提案につながったと想像する。その先にこそ、これからの実社会の課題解決ならびにその可能性が見出せるのではないか。

（落合正行）

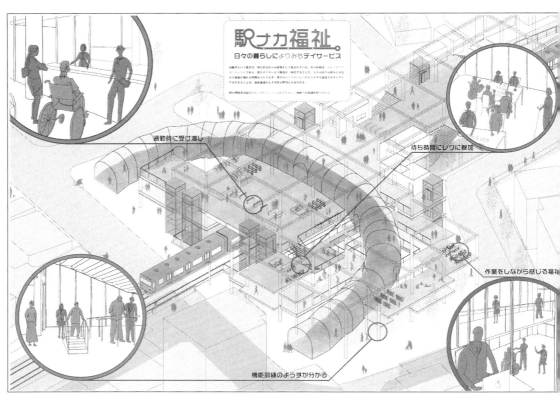

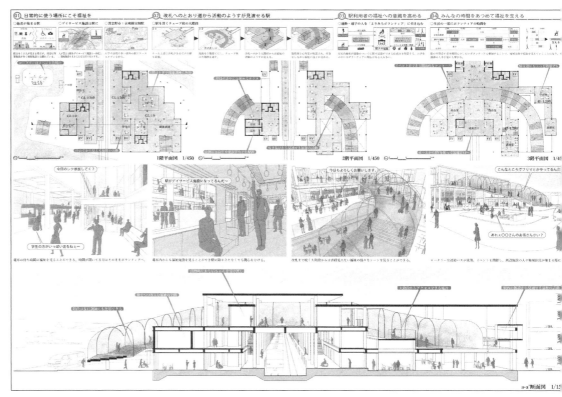

HORSEPICE

古内一成

武蔵野美術大学

CONCEPT

人はどんな空間で、場所で、誰と最期を生きたいか。

本提案では栃木県益子町の山里で、人と馬がともに暮らし、人生の最後を過ごすための場所をデザインした。東北には南部曲り家のように、家の中で馬と人間がともに暮らす民家形式がある。それを継承した本提案では、逆に馬がのびのびと暮らす山里に人間が住み込んでいるイメージである。大自然の中に暴力的に建築がたち現れ、いっときを栄えるのではなく、人間中心主義を超え、山里の風景の一部として最後を生きる場を新たなランドスケープとして提案したい。

支部講評

本提案は他者を「馬」と設定し、栃木県益子町の山里での在来馬との暮らしを通して、生きることの本質を感じ取りながら人生を全うするという物語である。こうした物語は、多くが建築化する時に失敗しがちだが、本提案は人と馬の対比を「直線と曲線」に置き換えて、その組み合わせからできる平面形状と開口部をもとに、終の住処として見事に建築の提案につなげたのが秀逸である。それだけではなく、自然を決して上から見下すのでなく対等であるとする、建築の自然環境との向き合い方にも一石を投じる提案といえる。今回は素材や構法などのアイデアはなかったので、ぜひこの先も検討してみると実現に至るかもしれないと期待が膨らむ。

（落合正行）

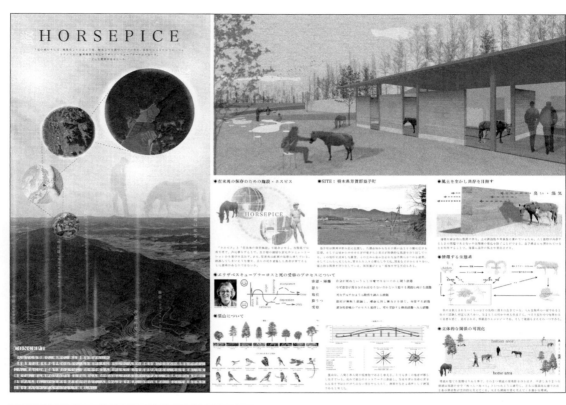

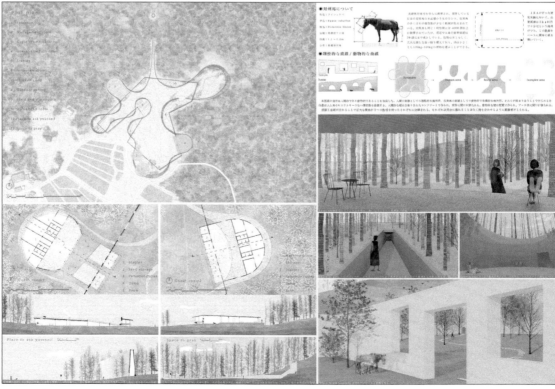

支部入選

食でつながる
サブスク住宅

星川大輝
松下優希
日本大学

CONCEPT

現在、高齢者単身世帯が増加し続けている。地域社会から孤立している。また、外国人労働者にも着目した。工場に勤務している外国人は日本の文化に触れられる機会が少ない。双方にメリットがある提案を考える。

今回、「食」というものに着目した。高齢者が外国人のために料理を提供する。食を通して最初は高齢者と外国人のつながりだったものが地域住民も利用し地域全体につながりが生まれる。

支部講評

弱い立場におかれる他者として、「単身高齢者」、「外国人労働者」に着目し、両者を地域社会が「食」を通して丁寧に結びつけ、まちの活性化につなげ、同時に人口減少、空き家対策等地域の再生を試みる提案。空き家の庭先に軽快な可動式テントを設える建築計画は、詳細まで詰められ、丁寧なつくり込みがなされている。それは、実現可能なお祭り屋台や子どもたちが造る秘密基地のような、地域に、心を躍らせる明るい気持ちにさせる効果がある。一方で空き家は、オーナーからの借用として既存利用を前提としているが、地域の活性化、コミュニケーションを図る空間づくりとして、「他者とともに生きる建築」というコンペ主題に応える、より積極的な空間提案があっても良かった。

（都築良典）

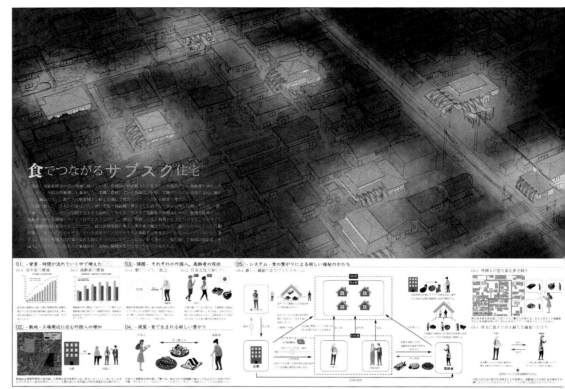

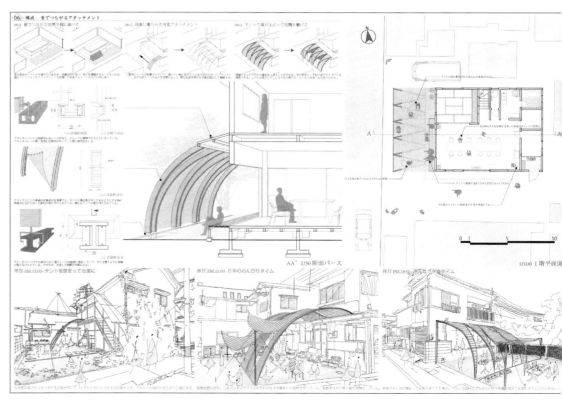

樋アルイハ建築

杖村滉一郎　　　　山本俊輔
高瀬暁大
東京理科大学

CONCEPT

本提案は建築自体を「樋」のようにデザインすることを試みる。

雨を流す「装置」ではなく、水とともに生きる「空間体験」としての提案である。

この建築空間は水量や雨量によって、空間が変わり、見える風景が変わり、聴こえる音が変わる。

特に、水や雨は人の心を躍らせたり、空間に新たな生命感を与える。「『水』により刻々と変わる風景」は、「現代の私たちが忘れた身体的、肌的な感覚」とともに生きることを後押ししてくれる。

支部講評

建築を樋のようにデザインするという考え方は、建築を表現する手がかりを水や樋に求める点で現代的であり、水との有機的な関係を築きにくそうなRC造である点はその印象をさらに助長させてしまう。天水による農業のように水との共生の歴史に注目した割には、この住宅内での水の関わり（水盤、水のカーテンなど）は少々表面的ではないだろうか。雨水と土と微生物（生物学的側面）、雨とぶつかる素材の音や匂い（文化的側面）、蒸散による涼しさ（環境学的側面）、ゲリラ豪雨をどう考えるか（都市環境的側面）など雨水と人間はさらに多様な関係を築けるはずである。一方で、いかにサラッと水を流すかという治水の歴史をもつ都市において、人と雨の関係は意外と表面的でドライであることに本質がある可能性もある。本提案はその雨とのドライな関係を示しているともいえ、その先にどのような都市生活の未来を見出せるかが期待される。

（海法圭）

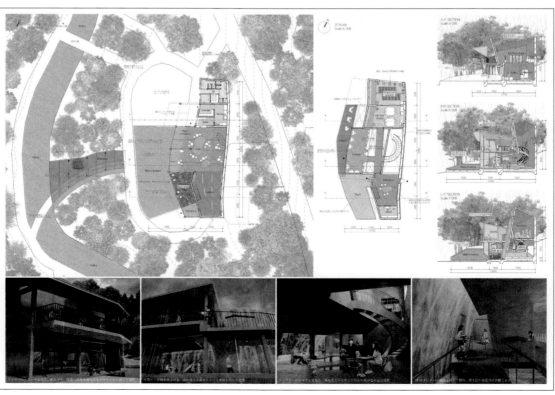

支部入選

遊びの器
子供たちを許容する二重塀

内野佳音
谷口真寛
日本大学

CONCEPT

子どもとは制御できない存在である。私たち大人は、制御できないはずの子どもをコントロールしようとして、子どもの自己表現の場を奪っているのではないだろうか。

敷地は渋谷区の松濤、高い塀に囲まれた高級住宅街である。単なる敷地分割線として存在している塀を二重にし、子どもの遊びを誘発する機能と楽しみを持たせることで、子どもの遊び場を作りつつ、子どもを介することで住人同士がつながる柔らかい境界をデザインする。

支部講評

場所は裕福だが少し閉塞感がある高級住宅地。敷地を区切る高い塀の代わりに、壁に挟まれた裏路地のような空間を差し込む。そこには扉や窓、遊具が仕込んであり、子どもたちが自由に行き交いながら、緩やかな緩衝帯を活性化させるという案。境界の塀を建築化する提案そのものは良くあるが、子どもの居場所としたことでリアリティが高まり、つながりの媒体に変えるポジティブさが良い。全てが塀以上の高さを有し、住宅への閉塞感が懸念であり、スケッチのような明るく健全な空間として成立するかなど課題は残る。しかし、大人がつくった仕組みに「隙間」と「子どもたち」を挿入し、ルールをいじることで面白さや新しさへつながっていく期待感を感じた。

（宮部裕史）

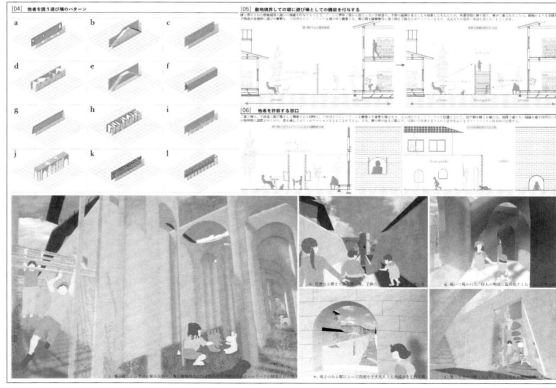

支部入選

水馴り、拡がる
～干潟とともに生きる風景～

本澤慶人 　　斉藤浩喜 　　　片寄尚美
大澤稔里 　　青木一将
千葉大学

CONCEPT

人は自然を淘汰してきた。干潟もその一つである。

かつての豊かな生態系を持つ干潟と共に生きた風景を忘れ、文明の発展の下、交わることのない隔たりを作った。

そこで、干潟を受け入れる建築を提案する。人と干潟との隔たりを除き、干潟の増減が繰り返され、互いのテリトリーが入れ代わることを許した空間により、新たな関係が生まれる。解き放たれた干潟は徐々に広がり、自然と人が集うかつての東京湾の風景が蘇る。

支部講評

東京湾の奥、三番瀬にわずかに残された「干潟」という環境を他者に見立て、「杭」の効果を手掛かりに再生、拡大、そして人々の生活に結びつけながらゆっくりと丁寧に共生しようとする案。

干潟は、もともと人と自然の密接接点であったが、文明の発達、産業構造の変化、都市化と共に、障害となり破壊してきた象徴的接点でもある。杭を打つ行為が、潮流、生物の繁殖等自然の力を引き出し、海産物の収穫、人々の生活の場＝建築へと結び付けられ、それらの過程が丁寧に描かれ、作者の気持ちが伝わる。破壊は瞬時であるが、自然の再生、共生は、長い道のりである。「新たな関係」と謳われている行為が、表現されている内容にとどまらず、これからの人間の側のもっと新しい積極的な関与と建築としての表現が期待される。

（都築良典）

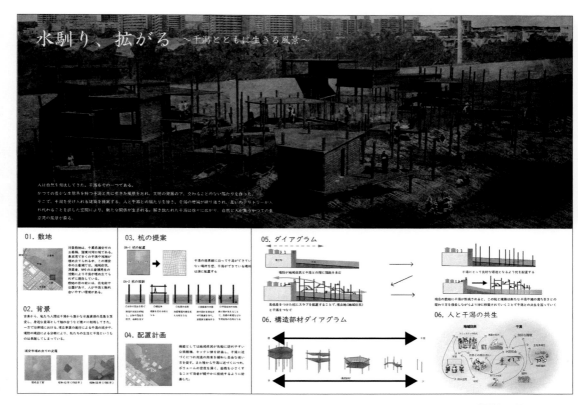

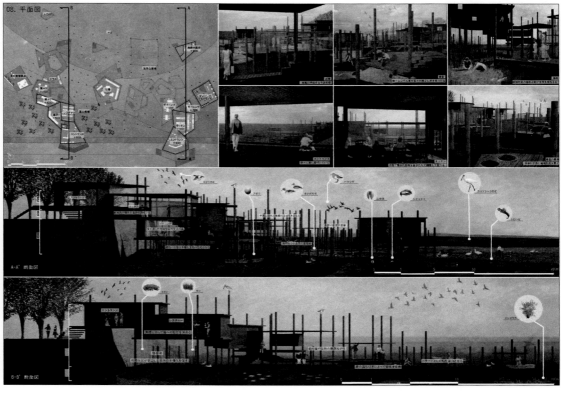

傍に月。
磨かれる日々。

和泉大雅　　　山内康生
塚本千佳　　　坂本海斗
東京理科大学

CONCEPT

私たちは、常に時間に縛られた毎日を送る現代人に月とともに生きる集合住宅を提案する。月は古来より形や挙動などさまざまな表情を持ち、我々は「月見」という行為をもってその存在を愛でてきた。ここでは、身の回りにある建築エレメントを月のリズムと我々の生活とを結びつけるきっかけとして再解釈することで、現代のルーティン化された毎日が、時計の数字から解放され、感覚的時間の中で再び享受されていくことを目指した。

支部講評

人間は、月の動きに影響されて生きている動物である、ということを再認識させてくれる作品。地球に生まれた赤子の動物性は、社会に組み込まれていくことで徐々に薄れていき、大人になるとすっかり忘れてしまう。そんな動物性が社会性に置き換わった現代に、人間の動物性をテーマに建築をつくろうという着眼点が素晴らしい。さらには、共有やつながりなどの社会性がテーマとなる集合住宅というプログラムを選びながら、そこにはまったく抵触しない姿勢が逆説的に動物性というテーマを浮き彫りにしている点も面白い。やや建築のカタチが理性的なことが気になるので、ここにも動物の野生的な要素を組み込むとさらに面白くなりそう。

（村山徹）

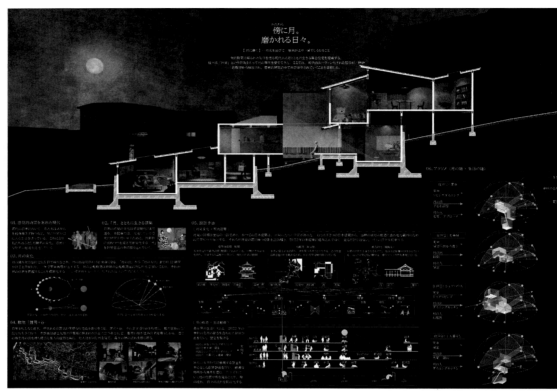

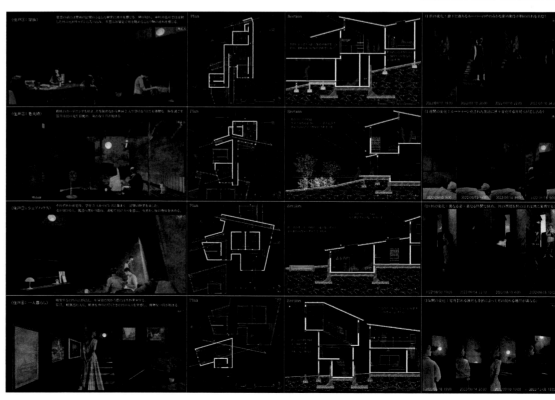

川の流れ都市を穿つ

中村正基
神林慶彦

日本大学

支部入選

CONCEPT

かつて東京は川と共に生きてきた。しかし近代化に伴い都市は川に背を向け、今は地形を覆うように容積を積み上げる再開発が進む。これは環境を排除した計画なのではないだろうか。

そんな巨大化した都市を川の流れが穿つ。そこに自然や人が入り込み、寄り添い集まることが次の都市景観を作るのではないか。都市に川という他者を刻むことで、もう一度川と共に生きる都市を顕在化する。

これは未来の都市環境への決意表明である。

支部講評

人々の生活を支えた川と共に生きてきた江戸〜東京に、現在の都市軸に沿った形で川を復活させる提案である。再開発の下、効率性と利便性を追求した結果、出来上がった重層レイヤーの中からシンプルな動線のみを残す。上部に重なった人工物を大胆にベリベリと剥がし、地下に隠れていた動線に太陽の光を届ける潔さが気持ちよく感じられた。剥がしてしまったレイヤー空間の機能代替などいくつか課題は残るが、日本を代表する交通機能である新宿駅を巻き込んだ空間へ川を穿った風景は、人間に備わった喜びを回帰させる何かをこれからの再開発へ提案している点を評価した。

（宮部裕史）

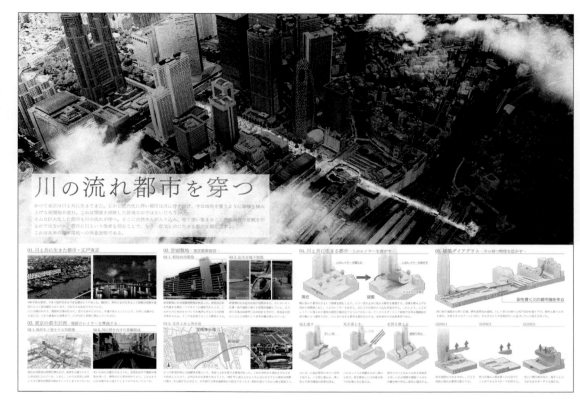

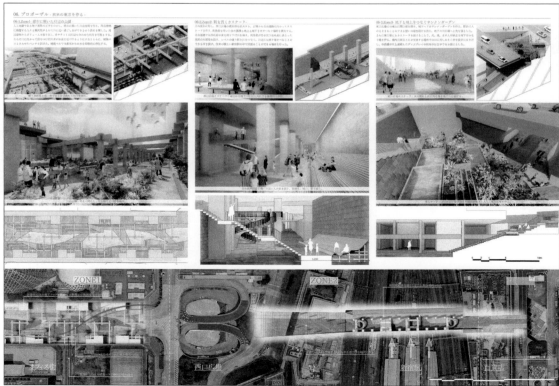

雨降ってまち潤う

山田侑希　　　　大久保日葉里
天野春果　　　　後藤柊平
名城大学

CONCEPT

元来、雨として地上に降った水は沢や川として地表を流れたり、地中に染み込んだり、蒸発したりと、さまざまな経路をたどりゆっくりと海に集まる。私たちは雨を他者とし、水循環を促し地球における保水のバランスを整える雨の行方を作る。と、ともに、水がどこからきてどこへいくのか今一度雨の恵みに思いを馳せるきっかけを提案する。

支部講評

オフィス街の歩道および中央分離帯に、水を用いた新たな居場所をつくり出す計画である。都市部において水（雨）は交通の妨げや、都市洪水など負の要素として捉えられがちである。そのような「他者としての水」に着目し、水の音、飲料水、水辺の休憩所・バス停など都市部のオアシスとして建築化し、水がもつさまざまな効果によって、都市環境を改善する試みである。また都市における自然、オフィス街に集う人、使用頻度の低い遊歩道など、さまざまな領域における「他者」がこの計画には多層的に存在しており、「他者とされてきた水」が「さまざまな領域に存在する他者間」の接続と共存に寄与している点が興味深い。水という一つの媒体を通じて、都市に存在する他者を浮き上がらせ、それらをつないでいく展開力は秀逸である。

（佐々木勝敏）

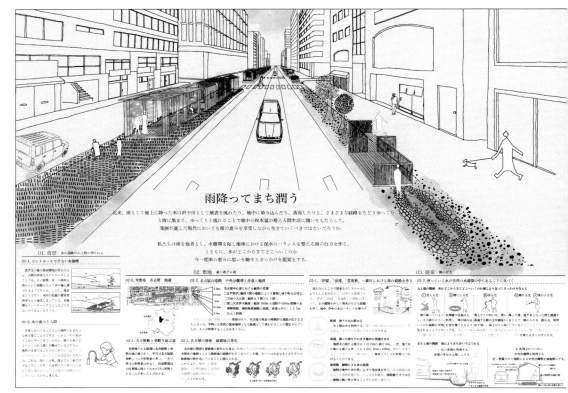

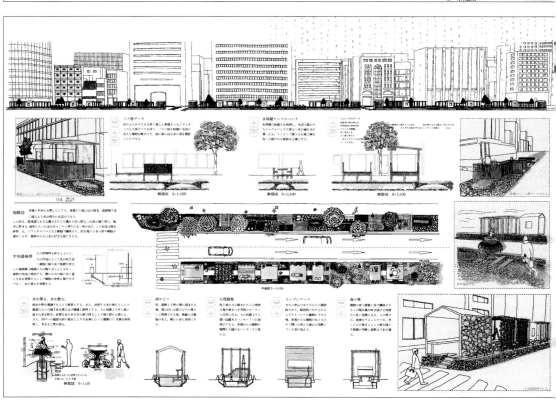

記憶の地産地消
山間地に集う、うめのみの郷

疋田大智

静岡理工科大学

CONCEPT

『他者』とは『記憶』である。そして、建築空間は私と他者との共有した時間や感情を交感してくれる存在である。コロナ禍における生活の変容は、私に直接的な影響を与える存在、また与えてきた存在こそ大切なものであると気づかしてくれた。近年、機能の受け皿に成り下がる廃校となった校舎の事例に疑問を抱いた。誰しもが持つ義務教育での記憶と校舎（空間）の強い結びつきによって、あらゆる他者が集う"うめのみの郷"を計画した。

支部講評

山間地域の小さな町の廃校に、複数の家族が住む提案である。とはいっても、既存の教室を別の用途に変えていく訳ではなく、かつて通った思い出の教室の隣に思い思いの住処を増築していく提案だ。ある人は図工教室の脇で陶芸家として暮らし、ある人は時間を違えて同じ学校に通った親と共に暮らすことのきっかけにしている。過去の自分を「他者」として受け入れることで、現在の自分が変わっていく住み方に驚きがあった。もう少しパースのスケッチで表現された空間を丁寧に描いてほしいという意見はもっともだが、半階ずれたスラブを隣り合わせる断面計画や、仕上げを変えずに平面を編集していくことで現われる空間は、提案したコンセプトとの心地よい連続性を感じた。

（白川在）

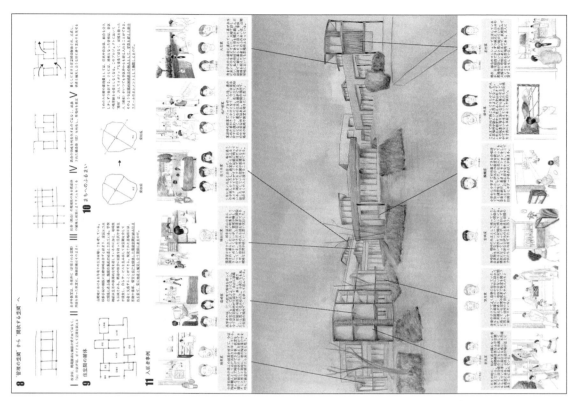

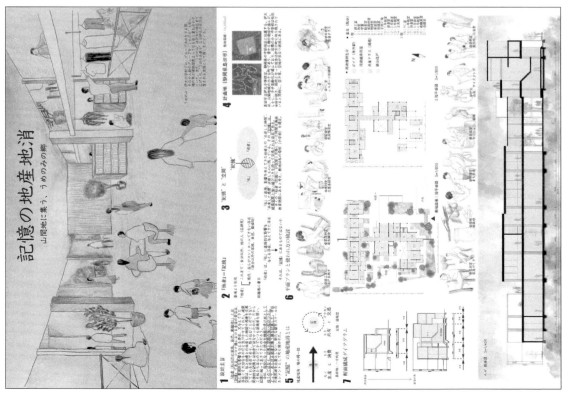

支部入選

五角農園街
－農作業が誘う人々の遭逢－

坂部祐友　　　　室本航希
濱口優介 *　　　竹本調

三重大学　名古屋大学 *

CONCEPT

衰退途中の商店街に、市民農園と「ゴカクユニット」と名付けられた屋内農園や工房などが入る温室による「農園街」を提案する。農作業は風土に加え、雨水不足、虫の繁殖等が植物の成長に関与するため、その土地に応じた経験や知識が必要となる。その時、他者と交流が発生し、人物、価値観などを知るきっかけを得て、その刺激から自らに変化をもたらす。「農園街」は未見の他者を知り、ともに生きる建築となるだろう。

支部講評

他者の選択的認知―自己世界の矮小化がもたらすもの、を打破する狙いの作品。昭和の名残のある瀬戸市中心市街地の一角、せと末広町商店街を農園街へと転換させる大胆な企画である。通りの中央帯に畑を配し、透明感のある切妻型が並列する様子は、今時な農の風景のようにみえるが、全蓋式アーケードが個々林立するモールにもみえて楽しい。農作業というアクティビティを自己世界へ働きかける刺激とするその仕掛けは、ノードの階層を組替える操作により増幅され、つながりの多面化と多重化を形象・継承するプログラムとなっている。それは商と農との対比／統合をもたらし現実世界の深化としても作用している。ゆえに拠点の更新手法として力強い。

（夏目欣昇）

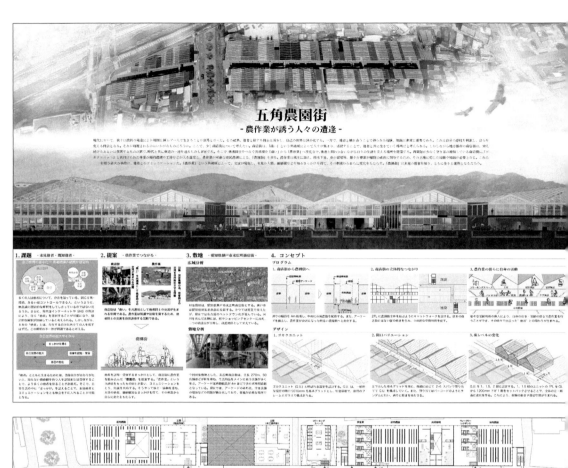

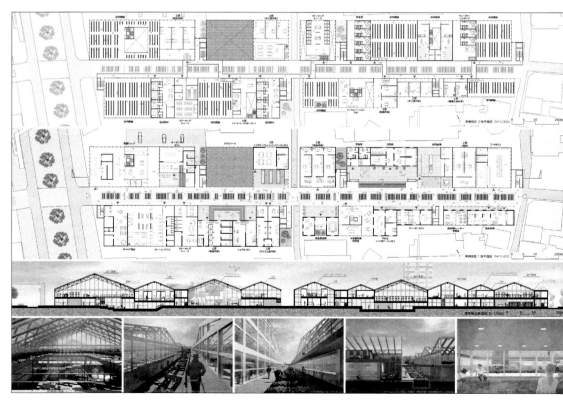

未完の採石場

有田晃己　　　　鈴木大祐 **
小村龍平 *　　　松浦開 *

静岡理工科大学　東京理科大学 *　芝浦工業大学 **

CONCEPT

感染症拡大を機に東京一極集中型の都市形態が転換点を迎えている。制度の整備に加えて、地域が持っているポテンシャルを発掘し、地域拠点を再編することによって地域創生を目指すべきではないだろうか。

静岡県浜松市引佐町に位置する、通常では獲得しえない場所性を持つ現在使われていない採石場を他者と設定した。本提案はさまざまなネットワークを構築しながら、悠久な時間軸をもつ採石場と交感し合うことで展開していく。

支部講評

静岡県浜松市引佐町に位置する採石場として使用されていた場所が、放置され景観的にも少し痛々しい敷地を選択し、街の営みとしての産業と風景を融合させた提案で、みかん畑とワイン製造が街の美しい風景になる優れた提案である。近年、農業は後継者不足が深刻化している。その理由として、成人するまでに子どもたちが農業に関わる機会がなく、興味があっても知る機会が限られている。つくる→売る→食べる→知る、というのが、流通の基本となっているが、生産過程をその場で知ることは深い教育につながる。建築的にも環境をこれ以上壊さずに、そっと置くような建ち方とし、建築と建築、建築と採石場の間を過ごす人々の景観や活動の場として細部まで計画している。

（岩月美穂）

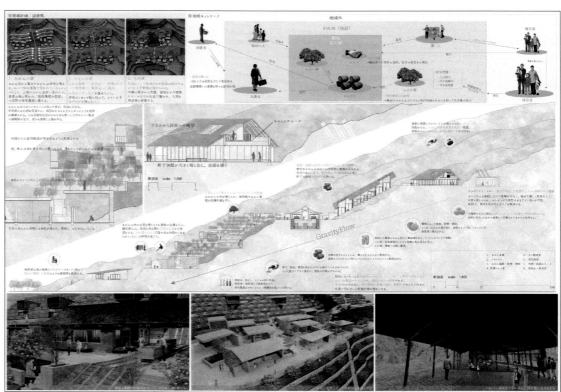

部材と人の「これまで」と「これから」
－軽井沢別荘解体再構築計画－

岩崎遊野　　　丸山悠斗
宇野亜実
京都大学

CONCEPT

歴史がある全ての建築を保存するには限界がある。

軽井沢にあった川端康成の別荘も解体の運命を辿り、復元を心待ちにされながら、部材として現在保管されている。私たちは本計画で、この部材を中心に、地域、関連する人の「これまで」を丁寧に読み解いた。3つの居場所を構築し、部材と軽井沢コミュニティの「これから」を提案する。部材が人々の関係をつなぐような再構築の在り方は、日本各地域に応用可能である。

支部講評

保養地・軽井沢に遺存する歴史的な別荘の解体。この問題に着目し、解体された別荘の古材の再構築を通じて他者（既存住民、新規住民、別荘所有者、観光客）をつなぐ、歴史を継承した未来の軽井沢像を構想している。川端康成別荘の解体を具体例として取り上げながら、住まい手の履歴と紐付けられた古材が集まる「資材倉庫」、古材を再構築した「アートカフェ」や「東屋」を計画している。計画された建築にやや物足りなさを感じるものの、地域のアイデンティティーの存続に向けた現実的な問題設定と、これに対する詳細な実測調査にもとづく計画が、文化の継承に向けた力強い提案の一つとなり得ている。

（梅干野成央）

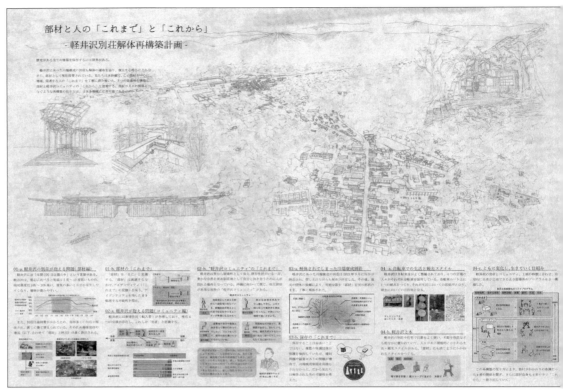

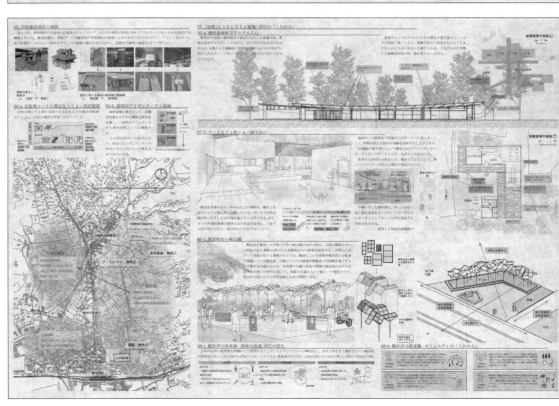

伝統を灯す建築
～和紙がつくりだすまちの日常～

吉田真都　　　　　坂部克洋
藤木由子　　　　　加藤直
愛知工業大学

CONCEPT

伝統文化は工業化により人にとって特殊な文化となってしまった。伝統文化が他者となった今日では多くが消滅の可能性を孕んでいる。伝統文化を残していくには変化すべき部分を選び受け入れていくことが必要と考える。本提案では、地域内のローカルの変化だけでなく外部のグローバルを取り入れ各々の和紙への関わり方をデザインすることで新しい価値の創造を行う。

支部講評

手すき和紙生産文化の衰退要因から考察し、地区内の空き工場に、これまで和紙の生産者だった関係者のみならず、住民からよそ者までさまざまな人間が和紙に関わり集うためのスキームを提案している。和紙の生産工程を抽出整理して、空き工場の空間に一堂に集め、透明性のある、活動が「見える」化した空間へと視覚化することで、和紙を取り巻く伝統文化の存続、そのための活動を表象化している。行灯のようにほのかにアピールする様を評価したい。

（清水俊貴）

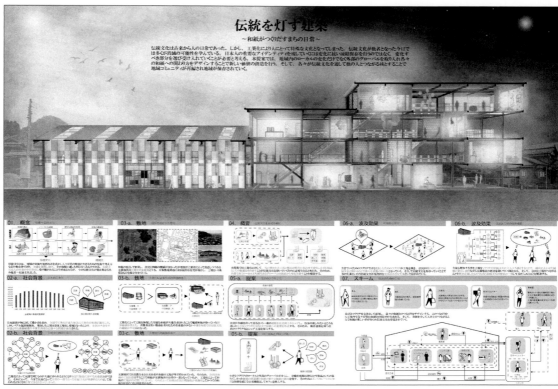

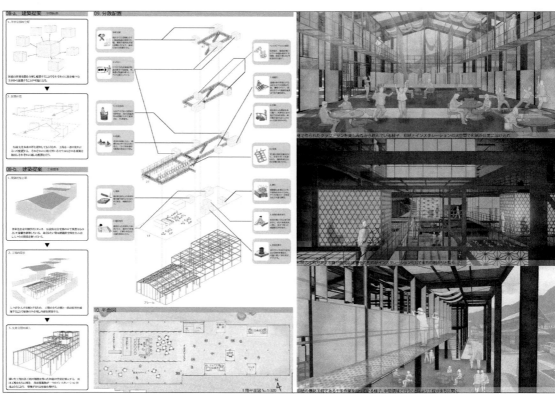

ココロカラダノ シュウマツテイ
－サ高住×クラインガルテンによる長野市の実家再考－

宮西夏里武
福田凱乃祐
信州大学

CONCEPT

地方の高齢者独居問題を考える。「年に数回」顔を合わすだけの関係に成り下がってしまった現状を、果たして「私たちは他者ではない」と言い切れるだろうか。コロナ流行禍にある現在を実家再考の起点と捉え、互いの存在を認め、介入を許しあえる地方都市の新たな実家の形を提案する。クラインガルテンとサ高住を掛け合わせることで生まれる懐かしくも新しい風景は、親子にとっての終末／週末を支える実家となる。

支部講評

戸建住宅から、至れり尽くせりのサービス付き高齢者マンションに引っ越すことで得られる利便性や快適性が、高齢者の自己完結型のライフスタイルを助長し、さらには親子関係をも疎遠にしがちである現状を改善するため、子世帯を他者と定義し、実家の象徴である庭や菜園を取り込みながら、子世帯の週末住居ともなる高齢者の集住スタイルを提案したものである。緑地への日照を確保するため、各階のスラブがズレながらダイナミックに張り出し、それらは低層部の棚田ホールから螺旋状に連続するように設けられている。植物を愛でながら暮らすさまざまなシーンが、魅力的なパースや図面によって表現され、新たな都市の田園風景を提示しているといえる。

（横山天心）

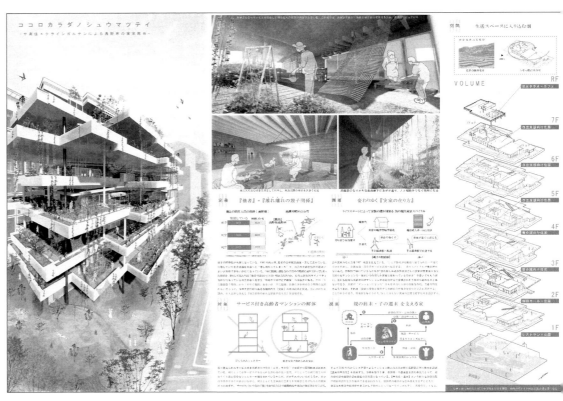

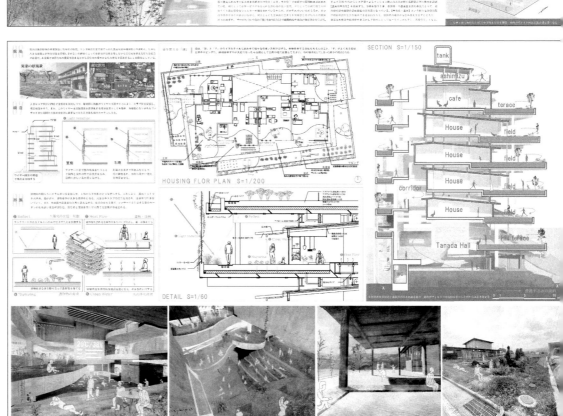

支部入選

円は異なモノ、味なモノ

内藤雅貴　　　　　　嶋中大和
長谷川暢哉
信州大学

CONCEPT

野辺山宇宙電波観測所が都市や周辺地域に対して作っている、電波禁止エリアの境界を建築化することで、周辺環境から排除され、切り離されてきたパラボラアンテナと社会との関係を再構築する。電波の有無が共存することによって生まれる特有の空間性や営みから、都市から訪れる人、周辺住人、研究者など、異なるさまざまな人が行う各々のふるまいで、その本質や場所を感じ、認識し、理解する可能性に開いている、豊かな生活を設計する。

支部講評

本作品の最大の魅力は、現代社会における情報（電波）という眼には見えないものを他者として捉えその禁止区域内、区域外の境界を物理的な建築空間として表現しようとしたその着眼点であるといえる。情報ネットワークに支えられた我々の生活において、ある種の非日常ともいえる電波観測所周辺の電波禁止エリアの存在は、コミュニケーションの在り方を考える興味深い存在である。その境界をカーテンによって視覚化し行き来しながら行う体験はコロナ禍でのリモートという概念を再考する機会にもなるかもしれない。一方でそこに示された新しい建築の可能性という点においては、プログラムや空間構成も含め少し物足りなさも感じている。

（宮下智裕）

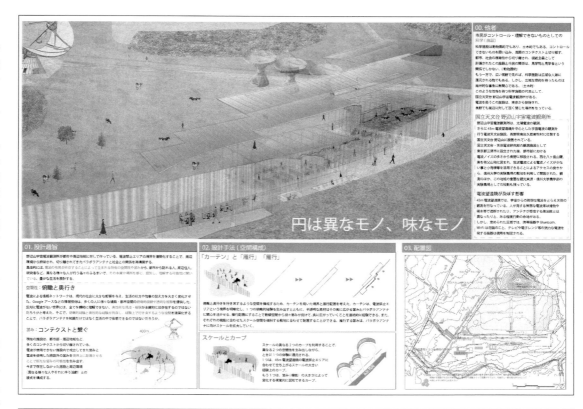

00. 他者

01. 設計趣旨

02. 設計手法（空間構成）

「カーテン」と「雁行」「雁行」

スケールとカーブ

03. 配置図

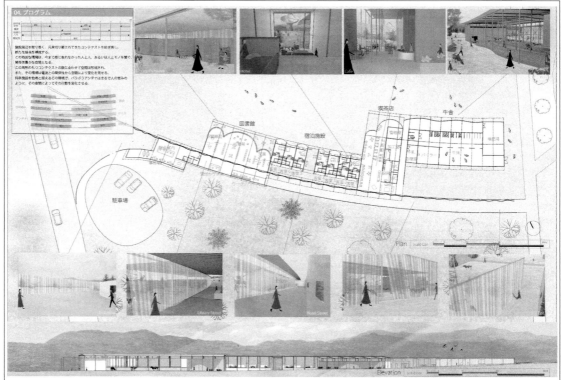

04. プログラム

Plan scale

Elevation scale

支部入選

水系が動くウラ参道

甲賀達郎
川上陸
新潟大学

CONCEPT

他者を確実に存在はしているが自分の生活の中に意識・認識されていないものと定義し、この定義を神社にあてはめた。参道という一つの空間がさまざまな空間を巻き込み、異なる価値や認識を重層化させる特徴を、現代の生活の在り方に重ねることで、神社とともに生きるための建築としての参道を提案する。ウラ参道を神社のウラおよび住居のウラに通る排水路上に地域の水を管理するインフラとして計画する。

支部講評

今日、神社を基点とするコミュニティ空間が、生活の中で意識されることはない。本提案は、宅地の背割線を流れる排水路を参道に転換し、現代生活の他者となってしまったコミュニティ空間を再構築する試みである。具体的には、新たな参道の上空に緩速濾過浄水システムを設け、参道沿いにはバスケットコートや湯殿、貯水槽や食物倉庫等を配置している。思い思いのウラ庭いじりが参道や浄水システムの手入れとなり、浄化された水は神社の手水などに利用されていく。ウラ庭側に現れたこうした21世紀的雁木空間の日常利用と共に、住民とコミュニティの関係はゆるやかに変わっていくことであろう。
（佐藤考一）

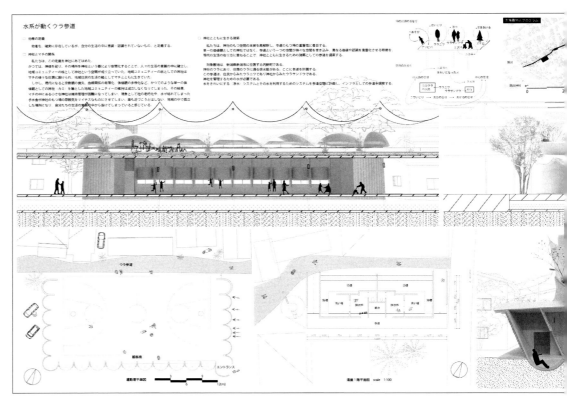

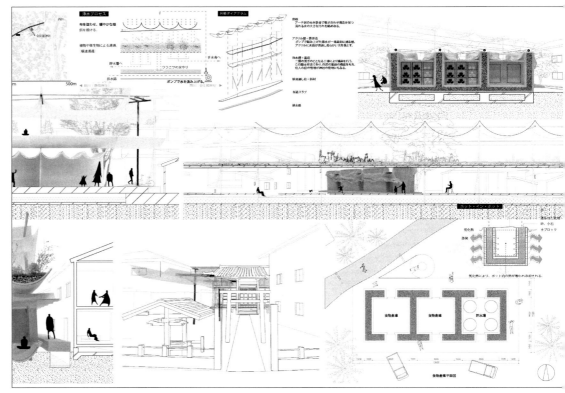

魅せびらき

石倉佳紀　　　　杉本茜
内田直希
和歌山大学

CONCEPT

各住居が自己完結した住宅街、和歌山県ふじと台の一画で「他者」と関わってはじめて完結する街を設計する。

「他者」と関わることは、「他者」を受け入れ「他者」に受け入れてもらうことだと考えている。

そこで占有地の一部を開放し、「他者」が自由に利用できる空間を提供する。

このことを「魅せびらく」と定義した。

魅せびらくことで「他者」からの承認を得ることができ、「他者」とともに生きる都市を目指す。

支部講評

地方都市郊外の住宅地を敷地に想定し、そこで展開されているだろうと思われる自己完結的な、他者と関わることが少ない住まい方を、いかに解体し、ユニークな仕組みによって、周辺と関わりあいながら住まうことができるかにチャレンジしている。何よりも惹かれたのは、「本の〇〇さん」というところだ。場の在り方に個人の名前がつく。他者との関わりが承認されることで溶け込む様が、昔のコミュニティを思い起こさせ、これならありそうと思わせてくれる。これが建築かという部分はあるものの、魅力的な他者との関わりが生まれてきそうな点で、選出にふさわしいといえる。

（小幡剛也）

■1. 他者とは　　■2. 設計主旨　　　　　■3. 街の現状

⑨ガレージのウチダ　①焚き火のまつした　⑦石倉ワークスペース　⑩みんなの足湯　⑪やまつか美術館

その他　提案

・音楽スタジオ
・池
・無人販売所
・キッチン
・天文台

⑮杉本時計台

⑫松葉TV

大人ロード（上）と子どもロード（下）

③田中の遊び場　②中谷印のチーズ工房　⑥ひらた文庫　④坂上牧場

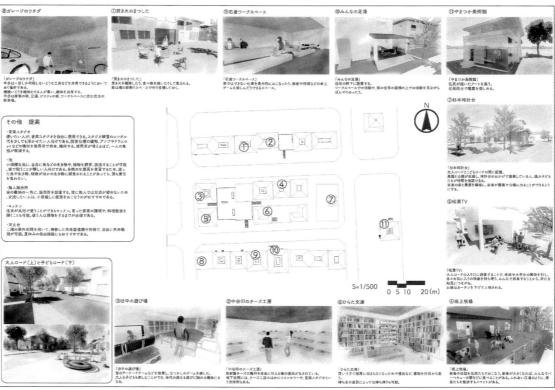

S=1/500
0　5　10　　20（m)

地域に寄り添う出張所
−市民と行政を繋ぐ舞台併設庁舎建築−

後藤田祐登

大阪市立大学

CONCEPT

市民と行政は他者のように共存している。庁舎は地域の象徴となるが故の威圧感があり、事務仕事の増加による市民のための空間の矮小化が起きている。市民活動の一つである路上パフォーマンスは、両者の街に対する理解のギャップが行政側に道路使用許可を下す判断をしにくくしている。本提案は市民の自由な表現を許容する舞台併設出張所を街に点在させ、両者を他者占めるギャップを埋める庁舎の形態と機能の新たな在り方を示す。

支部講評

分断された「行政」と「市民」をお互いに他者と設定し、地域に散りばめた小さな庁舎建築に市民活動の場を設け、行政サービスと市民のアクティビティを融合させることで、まち全体の活性化につなげる提案である。少子高齢化や通信技術の発達に伴い、今後の行政サービスや庁舎建築の在り方が問われる社会において、「市民」が使うという本来の公共建築の姿をきめ細やかに描いている。庁舎は職場でもあるため、オフィス機能と市民活動の関係性に提案があればすべての利用者にとってより快適で魅力的な場となるであろう。社会の変化を踏まえた設定に加え、路上パフォーマンスが盛んな土壌をもつ地域性もあわせて、実現可能性を感じられる作品である。

（三宗知之）

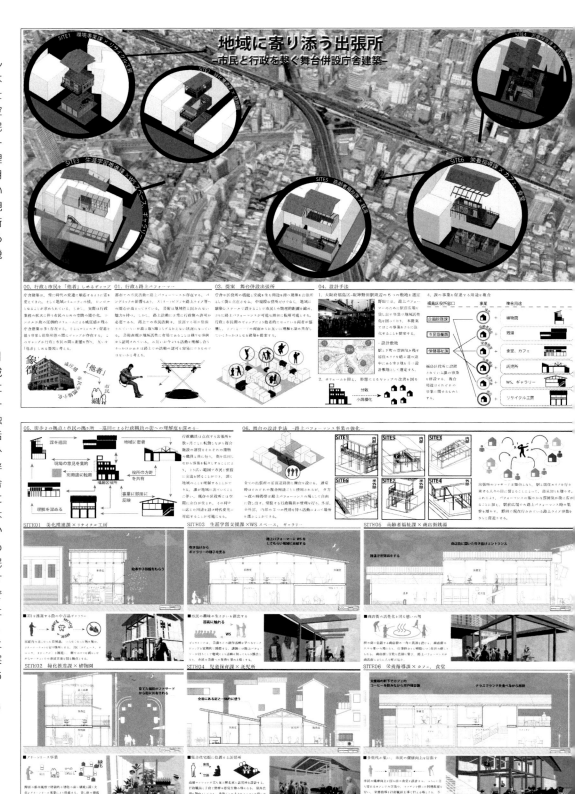

支部入選

狭き路地に
小さな「公」を

二宮幸大
森健太
神戸大学

CONCEPT

住宅の密集により形成された狭い小な路地は、住宅更新の大きな妨げとなっている。

しかし、元来路地は地域のコミュニティ形成の場としての役割を担ってきた。

敷地の神戸市長田区駒ヶ林町は、昔ながらの路地構成を残した高齢化の進む木造住宅密集市街地である。

そこで住宅の減築による道幅の拡張と同時に、生まれた間の空間に地域の交流の場となる「小さな公」を挿入することで、かつての路地の空間的な魅力を残しつつ街の更新を行う。

支部講評

木造密集市街地の代表として神戸市長田区のあるエリアを取り上げ、部分的な減築を擦り合わせることにより路地を拡張した半公共空間をつくり出していくことを、密集地域を更新再生する新たな手法として運営の仕組みと共に提案している。

対象地域各部の空間特性をよく読み取りながら、また建築家により先行して取り組まれている福祉やシェアハウスの取り組みも参照しつつ真摯な提案を行っており、それぞれの屋根、軒や構造フレームを残しながら減築していく提案は現実的かつ魅力的で、かつ元にある良さも残そうとする姿勢もうかがえる。

「小さな公」を維持するルール構築や防火対策等の課題もあり、現実には対話と実験的取り組みの試行錯誤を繰り返すことが必須であると推察されるが、地域住民、新規住民、行政、計画者、運用者相互の新たな関係を、それぞれがクロスオーバーしつつ高い当事者性をもちながらつくっていくことを前向きに提案していることも大いに評価できる、優れた提案である。　（吉岡聡司）

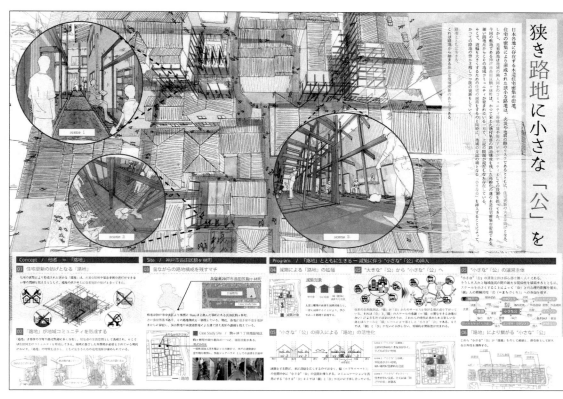

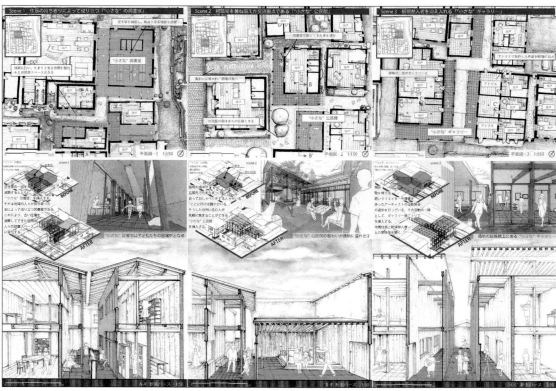

支部入選

マチワリ交差園
－マチワリ水路を介した横断的子ども園の提案－

村上龍紀　　　澤木花音
石川博利　　　小林優希
滋賀県立大学

CONCEPT

他者としての子どもを地域で受容し、マチワリ水路を介して子どもと地域の交点を生み出す「子ども園」を提案する。公共性を喪失したマチワリ水路と衰退する街の空き地に対して、それらを横断するように保育施設を挿入することでマチワリ水路との物理的な交点を創出する。石垣の緩い境界で区切ることで、子どもと地域が交じり合う居場所を作り、地域社会を再編する。

支部講評

滋賀県高島市大溝に残るマチワリ水路を横断的につなぐことで見出される、連続的な空間を生かした子ども園の提案である。それぞれの空間に保育のための多様な機能を配置することで、地域の人々と子育て世代、そして子どもたちが交流する場を再構築しようとしている。高齢化や水路利用の衰退によって変わりつつある町並みに対して、保育という視点からアプローチし、地域の特徴である石垣や水路を各所に利活用することで歴史的な景観を残しつつも新たな空間の創造を目指している。これにより、地域住民と移住者や世代を超えた人々の接点や交流の可能性を想像させてくれる作品である。

（落合知帆）

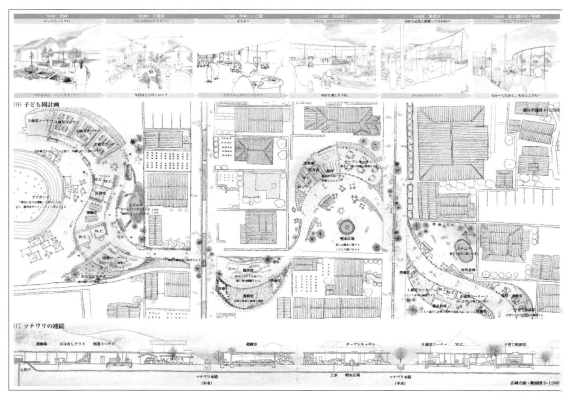

風波が踊る森

小島新平

戸田建設

CONCEPT

風と波を受け入れ、変化する学童保育としての植物園を提案する。子どもたちは植物園の庭園を遊び場としつつ、絶えず変化する庭園から風と波の流れ、自然に関して学び、成長する。風・波とともに生きる植物園は、敷地に新しい自然環境を創り出す。植物園の従業員は変化する建築・庭園の観察を行う。観察を行うことで、新しい自然環境が生み出す予期せぬ関係性を発見・蓄積し、人と自然の距離感を再認識していく。

支部講評

ドローイングとパースペクティブが美しく、建築の設計を通して人々の体験や、人と自然の関係が丁寧に描かれている。3つの床レベルにそれぞれ、土、水、風との関係がテーマとなった空間がつくられ、積層されたそれらの美しい空間を行き来することで、異なる自然との対話が空間体験として重ね合わされる。移ろいゆく不定形な風や波の動き、それに呼応する植物や波打ち際に体積する土などと対比的に、厳密な曲線や構成要素をもった建築が設計されている。「風と波を受け入れる建築」という記述があるが、むしろ、人間の理性や意思が自然に対して毅然と対峙していることが表明されているように感じられ、共感した。

（土井一秀）

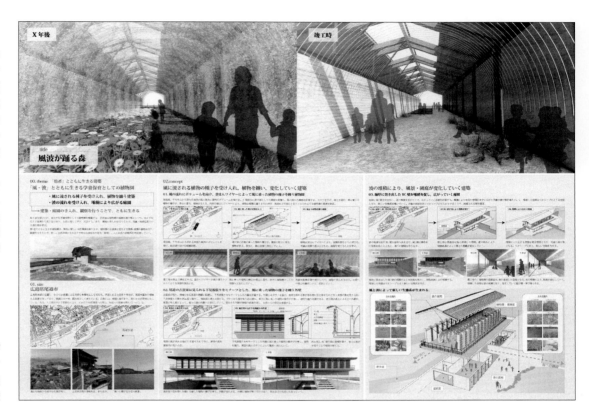

私欲の家
－見えない線を超えて見える情景－

柳澤嵩人
古川智大
近畿大学

CONCEPT

他者とは欲望の塊であり、私と他者との関係性はその取り合いで生まれる。私たちの関係性はヒトとモノ、モノとモノにまで及ぶ。例えば私と他者または建築、周辺環境のように他者を受容し互いに相手のために自己を変化させ時に破壊すら厭わないのである。

その関係が街に広がることで歪で豊かな生活のカタチが周囲に拡散し、境界を超えて欲が衝突し互いを補完し合い不器用に取り合うことで双方の関係性を後押しするような住宅を提案する。

支部講評

提案紙面から、肩の荷がおりるともいうべき感覚を抱いた。それは日々さまざまな境界に沿って生活を送る中で、無意識に身体へのストレスが生じていることからの解放感である。人類が地球上に居住のための囲いをつくる瞬間に境界が生まれるように、動物たちの縄張り、樹木でさえ競い合いながら高く成長し、他は成長しないまま枯れてゆく。本提案には、場所を選定した時からすでに完成していたのであろうと思われるほど、古代人が洞窟の中に棲家を定める時のような鷹揚さが覗える。建築は極めて構築的な思考によってつくられているが、その結果生まれた空間には、人と人が共にすまうことの心地よさが内外に散逸し、ぜひ実現してほしいと思える秀作である。

（向山徹）

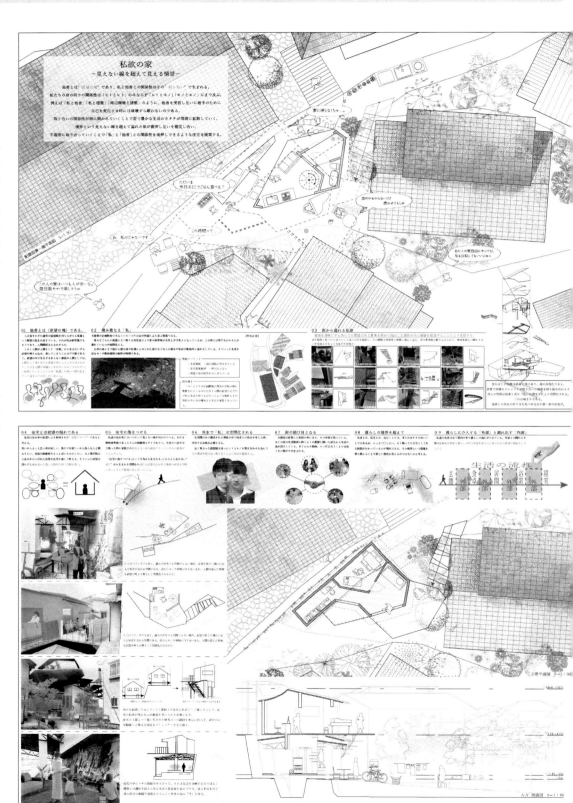

支部入選

変遷する狭間
－衰退する町における土地と人のつながり－

山口彰久　　　三谷啓人
新畦友也　　　岩間創吉
近畿大学

CONCEPT

自然を引き込み土地と人の調律を行う「メモリアルセンター」を提案する。

メモリアルセンターは人と自然の均衡した環境の中、町の衰退に伴ってその均衡が動くことで建築の様相が刻々と変化する。時間・環境・動植物を受け入れ様相が変化し、動的な関係を許容しつつも共に生き続ける建築を生み出す。そこにある自然を頼りに用途や使われ方が変化する動的な関係は、ささやかな歩み寄り方になって人と土地との繋がりが残り続けていく。

支部講評

呉の遺産を正面から受け止め未来へとつなげる逞しさをもった力強い提案である。本案での他者は街の変遷そのものであり、過去に排除された自然や現在排除されている住宅である。変動する人間の領域と自然の領域の境界を「動的に」デザインしたところに本案の力強さの本質がある。領域境界が移動しても、太陽エネルギーが降り注ぐ限り、風と水の循環は担保され、人間の活動でも動物の活動でも受け入れる場が提供された。その過程で、呉の遺産に対する手当がなされ、呉の記憶を含んだメモリアルであると同時に、未来への動きを見せるメモリアルとなる場が示されている。将来どちらに転んでも私たちはマネージできる、という力強い宣言に聞こえる。

（岡松道雄）

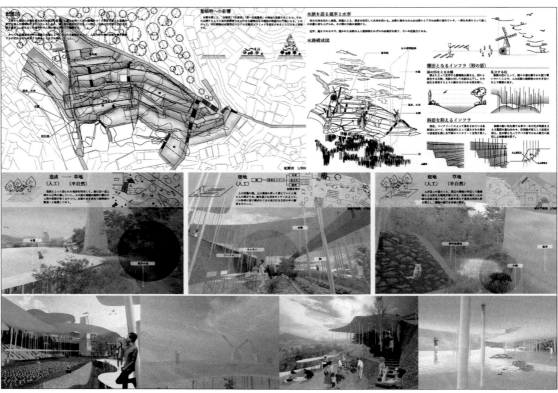

塀を解き水で結ぶ
雨水ネットワークで広がる人々の交わり

正村優樹　　　　一原林平
白川英康
近畿大学

CONCEPT

現在の住戸はそれぞれの敷地が塀で分断されており、住人同士の関係性も隔たれている。その結果、地域のコミュニティが縮小し水害や地震の際の声がけが行き届かない。

本提案は潜在化した雨水のネットワークを可視化し、敷地境界の新しい目安とすることでそれまで塀で分断されていた人々を再び結ぶ。住戸が持つ水の懐を広げ、そこで暮らす人々が雨水をきっかけとして共生する風景を既存住戸のリノベーションとして提案する。

支部講評

住戸間の塀を取り払い雨水を巧みに利用することでコミュニティをつくり出す計画である。
水路や調整池（公園）、ソシオペタルといった平面的にも深さ的にもさまざまなスケールの空間が晴れの日、雨の日、大雨の日と天候によってその姿を変えていく。人々の動線、距離感、関係性もそれにあわせて多様に変化していく様は「雨」という一般的にはネガティブに捉えられることの多い自然現象を見事にコミュニティをつくり出すものにまで高めている。
水路や水辺の提案は他にも多いが雨に着目して「変化」を巧みに計画に盛り込まれたのが印象的だった。

（原浩二）

ともに暮らす

山本千結　　　井上龍也
大呂直樹

広島大学

支部入選

CONCEPT

歴史的な建物とレトロな建物が入交じり、そこに住む人々の生活が街の景観を作っていた「鞆の浦」伝建地区登録、架橋問題、構造的問題、人口減少、さまざまな問題を抱えるこの街が存続していくためには「現代の人々の暮らし」を受け入れ、街としての魅力を引き継いでゆく必要がある。それぞれの家が少しずつ空間を出し合うことで長屋の表と裏に生まれる共用空間は昔の鞆にあったような生活感あふれる風景を取り戻し、現代の暮らしに対する受け皿となる。

支部講評

鞆の浦の伝建地区とそこを貫く幅員の狭い県道に対する提案である。

道路側の伝統的ファサードは残しつつその内側のプライベートスペースをパブリックに供出することで「半屋内の歩道」のような場を生み出している。適度に囲い込まれた空間は住民同士や住民と旅行者との距離感、あるいはさまざまな居場所に絶妙なリアリティを生み出し、新たなコミュニティを創出している。

長屋裏側のセミパブリックの縁側空間や長屋特有の脆弱な構造に対してのアイデアにも一定の説得力があり、実現の可能性をも感じさせる提案である。

（原浩二）

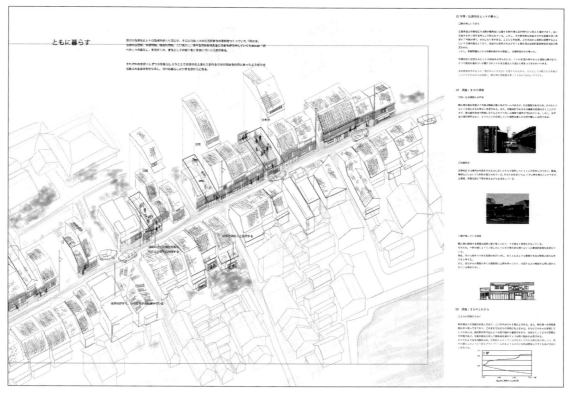

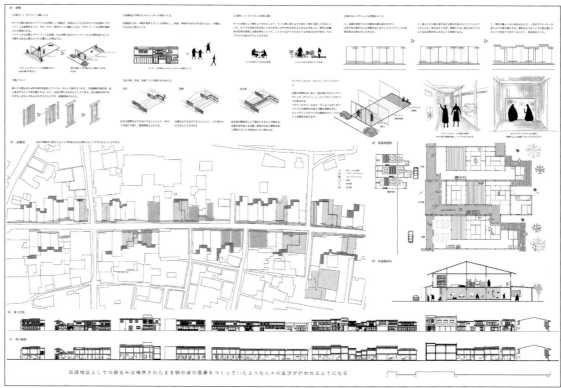

一衣帯水
～早明浦ダムがつなぐ未来のライフスタイル～

佐竹亜花梨　　　橋本健太郎　　　山下恵未莉 *
小田裕平　　　　森風香

大阪市立大学　大阪公立大学 *

CONCEPT

早明浦ダムは、地域を物理的に分断し、さらに「自然と共生する上流の人々」と、「現代的な暮らしをする下流の人々」という異なるライフスタイルの「他者」を生み出した。

そのダムも建設から約50年が経ち、経年劣化が深刻化し、補強や補修は喫緊の課題となっている。

ここでは、上下流の「他者」たちの暮らしを融合するために新たなダム・システムを構築し、持続可能な地域の在り方を提案している。

支部講評

中国の故事に倣った、水を隔てた他者について、水系の上流と下流の他者同士をつなごうとした案である。四国においての、上流と下流とは、この早明浦ダムとその恩恵を受けている四国全域を指す。問題分析は一般的な視点であるが、解決に至るプロセスが面白い。シェアキッチンやアクアポニックスなど、さまざまなアクティビティーを高低差のあるダムサイトに挿入することで、老朽化しつつあるダムと、恩恵を受ける地域の文化をつなげようとしている。とりわけ面白いのは、コンクリート工場の換入である。ダムを支えるシステムづくりを提案に盛り込んだことは面白い。プログラムが多岐に及んでいることが、焦点を絞りづらくしている一面がある。総合的にまとまりをもった建築的な展開がほしい案である。

（齊藤正）

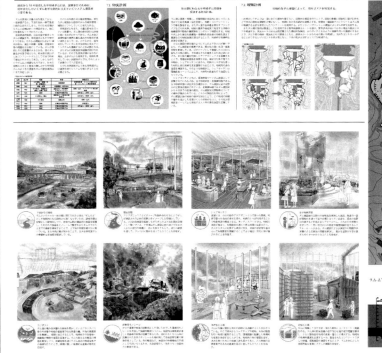

支部入選

オモテウラ
－界隈性の創出－

稲葉樹　　　鹿圭登
板谷勇祐　　手柴智佳
佐賀大学

CONCEPT

本提案における界隈性とは、移住者がまちの中で繋がりを持ち、コミュニティを形成している状態である。この界隈性を生み出すために「＋生活雑貨」の考え方のもと、内山地区で不足している機能を持たせ、移住前に内山地区のコミュニティやまちの実態を知ることを促す。商いの場としての表通りと、生活の場としての裏通りの2つの属性を持つ位置に提案することにより、オモテとウラの両方の選択肢が存在することを示唆した。

支部講評

住者を界隈性と設定し、「＋生活雑貨」という内山地区で不足している機能を提案し、移住者がまちの中でつながりをもち良好なコミュニティを形成しようとする作品である。商いの場としての表通りと、生活の場としての裏通りの2つの属性をもつ場所を選択し、この建築を中心としてこの場所に二面性の選択肢があることを知らしめている。古くからこの地に住む人々、移住者、観光客に対し、この地域の実態を知ることを促すことに成功している。具体的にはこの地域において地理的に特異な場所を選択し、その魅力を最大限建築に生かしている点も高く評価された。敷地に応じた建築の提案から具体的な素材に至るまで細かく提案されていることにより、実際の空間に対するイメージを掴み取ることができた。今後、更なる空間の独創性を期待する。

（古森弘一）

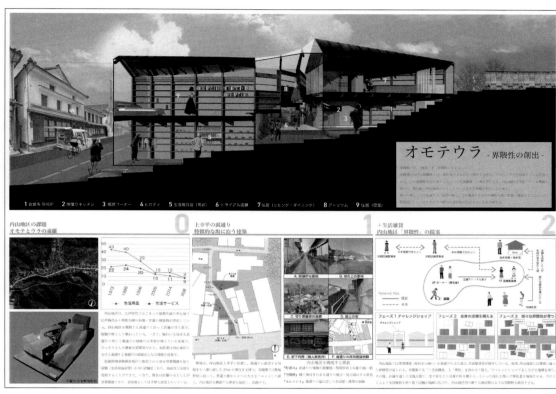

1 飲食系 SHOP　2 間借りキッチン　3 喫茶コーナー　4 ピロティ　5 生活雑貨店（常設）　6 トライアル店舗　7 住居（リビング・ダイニング）　8 アトリウム　9 住居（寝室）

オモテウラ －界隈性の創出－

0 内山地区の課題
オモテとウラの乖離

1 上幸平の裏通り
特徴的な坂に沿う建築

2 ＋生活雑貨
内山地区「界隈性」の提案

フェーズ1 チャレンジショップ　フェーズ2 自身の店舗を構える　フェーズ3 様々な界隈性が育つ

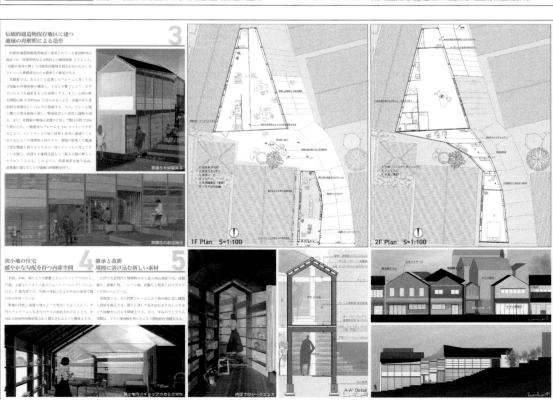

3 伝統的建造物保存地区に建つ
地域の再解釈による造形

4 狭小地の住宅
緩やかな勾配を持つ内部空間

5 継承と改新
周囲に溶け込む新しい素材

1F Plan　S=1:100

2F Plan　S=1:100

A-A' Detail

主のいない拠所
―町に根差した新たな空き家リノベーション―

郡司颯

大分大学

CONCEPT

建築は所有する『主』と訪問者などの『他者』との関わり合いで空間がつくられ、『主』がいなくなると空き家へと変わる。また、内装に重点を置くリノベーションも多くみられ、所有者や領域を限定した空き家改修は持続するのだろうか？ 舞台とする城下町の豊かな街並みの背景で『主』のいない空き家が増加していた。本提案では『他者』が空間を所有することによって持続する新たな空き家リノベーションの在り方を提案する。

支部講評

タイトルがまず惹きつけられる。そして提案者のいう「所有者や領域を限定した空き家改修は、持続可能なのだろうか?」という問いが現代の空き家改修の状況に対して的を得ている。それに対する解は、プログラムとしてはもちろん、空間としてうまく成立している。外部の動線を内包することにより、プライベートなカテゴリーの家という空間が、パブリックな立ち寄りの場として開かれ、多くの外部者にとって訪れたい空間に仕上がっている。

光の入れ方や素材なども丁寧に検討され、耐震化など実現性も帯びている。イニシャルコストや維持管理の負担に関する記述がなく、散策路として自治体など公共が管理するのでは面白くない。収益性もあわせて提案があるとより持続性の高い提案となるだろう。

（安武敦子）

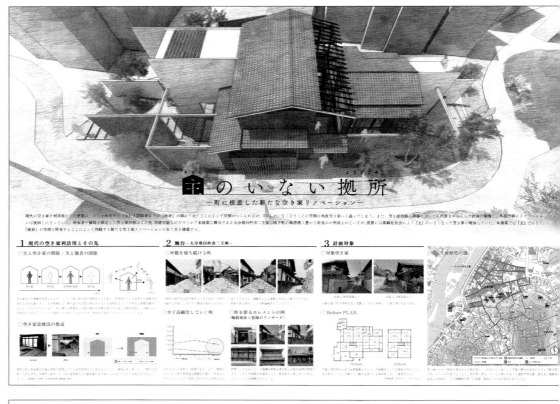

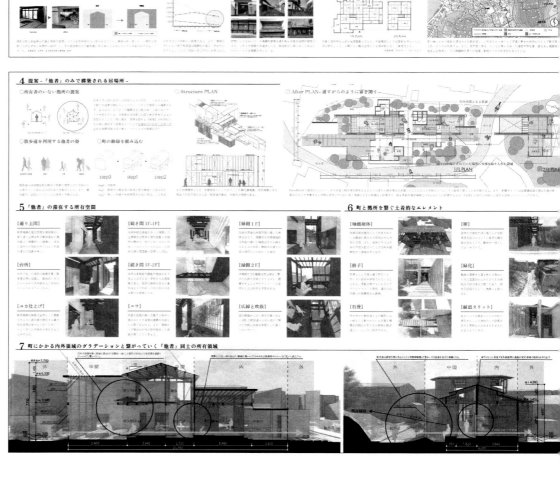

重なり合う残像

矢野泉和　　　　　藤村利輝
上野睦

熊本大学

支部入選

CONCEPT

現代では町並み保全と言う形で、ただそのまま建築を残したり、取り壊して全く新しい建築を当時のままに再現するなど、「張りぼて」として住宅を残しているだけである。そこで、本設計では既存住宅の残像を他者と想定し、既存住宅や店舗のファザードを別の機能に置き換えたり、建築を型取り、そのままの形で保存することで、後世が当時の建築の残像を感じる新しいリノベーション的集合住宅を提案する。

支部講評

大分県竹田市という歴史地域における伝統的家屋の文化継承と、高齢化社会に伴う地域の空洞化を課題とした作品である。空き家、空き地によって、断片化していく地域に対し、大きな壁を挿入することによって、脈絡ある集住地域を構築し、さらにその壁を頼りに新築住宅を付設することによって、対比的に、＜既存の伝統的家屋の文化的様相＞と＜機能的配慮の充たされた新築の建築空間＞、あるいは、＜建築の内部＞と＜地域の余白部分＞を接合しようとする試みである。伝統的家屋の表層のみを保存するのでもなく、全てを解体し、新築建築を構築するのでもない接合的建築による歴史的集住地の提案であり、建築的に課題を解いた秀作である。

（西村謙司）

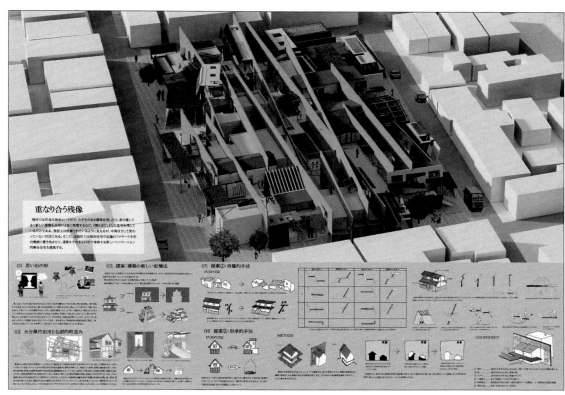

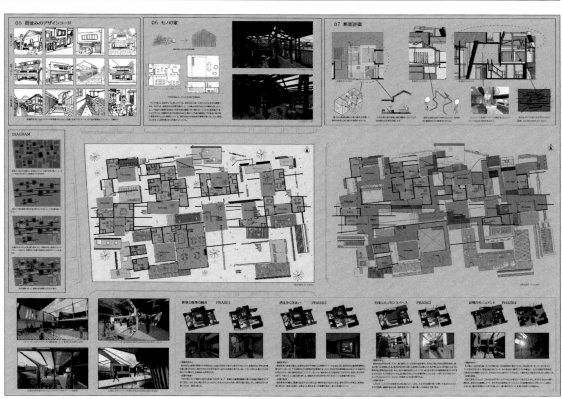

キューブ×コドモ
－他者の成長の可視化－

荒木郁恵
堀恵輔
熊本大学

CONCEPT

「先生」という万能の大人が話すことをひたすらノートに取るのが日本の教育の普通である。このような受動型教育は先生の知識以上に学びが広がることはなく、「習ってない」という言葉を武器に問題から逃げることを覚えた子どもを育てる。そこで、自ら学ぶ姿勢を育成するこども園を提案する。年代ごとに異なる機能を持ったキューブを挿入し、空間の境界を曖昧にすることで、他年代の遊び方や過ごし方が明瞭になり自己の成長につなげることができる。

支部講評

横並びの保育室によって構成される従来の幼児施設に「キューブ」形態のオープンスペースを導入することによって、新旧交錯する学びの空間が提案されている。その「キューブ」と名付けられたオープンスペースは、水平方向に広がる開放空間のみでなく、垂直方向にも展開し、そこに集まる幼児が、他者と共に遊びながら主体的に学び合う場所となっている。キューブという建築形態が主体的に他者との学びを誘発し、「『他者』とともに生きる」契機となることが期待されており、本課題を建築的に解決することを試みた所が評価された。
（西村謙司）

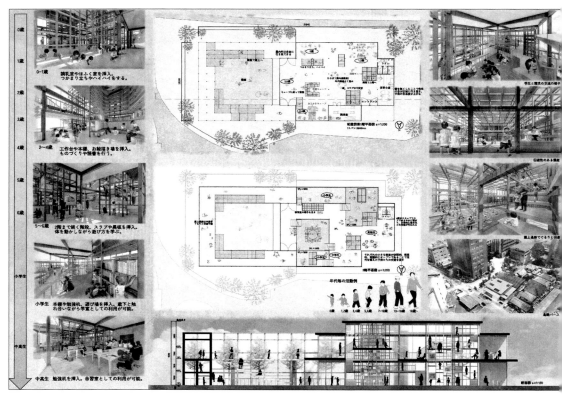

大地と生きる

永渕智也　　　　前田隆成
青戸優二
熊本大学

CONCEPT

暮らしの中で大地との関わりが立たれてしまった現代において、建築を浮かすことで人が「大地」と共に生きるための住宅を提案する。対象敷地は住宅街に残存する大地としての役目を失った廃工場である。コンクリート地盤をつくり、その上で人々が生活することで住民は大地に目を向け再び大地は息を吹き返す。大地は多様に移り変わり、大地の変化を許容する住宅は、生活に多様さをもたらし暮らしを豊かなものにするだろう。

支部講評

大地と共存し、対峙する住まいの提案である。当たり前のように開発し、忘れられていた大地の価値を再確認できるいい空間に仕上がっている。プレゼンテーションも良い。

ただしそもそもの大地に回帰すべきなのか、廃工場の歴史を残すべきなのか、どう考えて提案したのか説明がほしい。またダイナミックな空間でありながら、一人暮らし、夫婦、家族などステレオタイプな家族設定、それに対する空間についても豊かな空間になっているが、既存の枠に収まっていて、大スラブに吊るされた空間が存分に使われているとはいいがたい。大地と住まう時の人の暮らしの在り方とは何か、大地を共有する人々だから可能な空間とは何か、根源的な部分の回答がほしい。

（安武敦子）

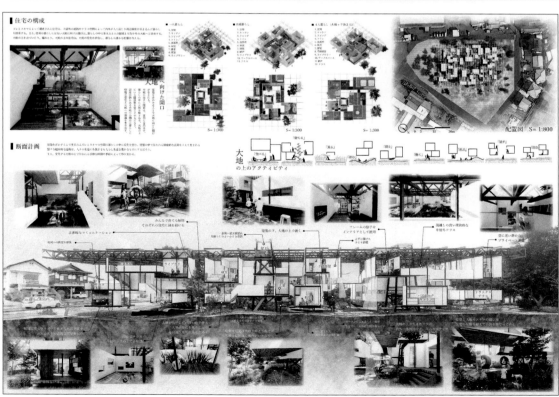

NEW PUBLIC with PARKING

川端巧己
緒方英亮
熊本大学

CONCEPT

公園は多くの禁止看板が立ち並んでおり、利用者が限定されてきている。また、自転車はその簡便さから都市を変化させる力を秘めているが、駐輪場は目的地までの経由地に過ぎず人が関わり合うことはない。そこで本提案では多様な用途があるリボン形状の構造を公園に巡らせ、繋げることで一体となる新しいパブリックスペースを形成する。公園は新たに近隣オフィスの自転車通勤者を中心とした自転車利用者を受け入れ互いに共存しあう。

支部講評

都市公園の外周道路沿いに密実に計画されている駐輪場に目を向けた俯瞰的視点に基づく計画である。歩行者を主として利用されている公園の内部に、多様なひだを産み出すリボン状の工作物を介して自転車利用者が他者として入り込ませる。一筆書きのような線によって公園の輪郭を揺らし、多目的な活動の受け皿を展開させるデザインの構想力は秀逸であり、建築と都市の境界を融解させることに成功している。惜しむらくは、敷地として選択されている公園がアクロス福岡によって既に魅力的な特殊解に昇華されている点。リボンの効果自体を評価するには、異なるケースモデルや汎用可能な条件での理想像を描くこともさらに有効であったと考えられる。

（山田浩史）

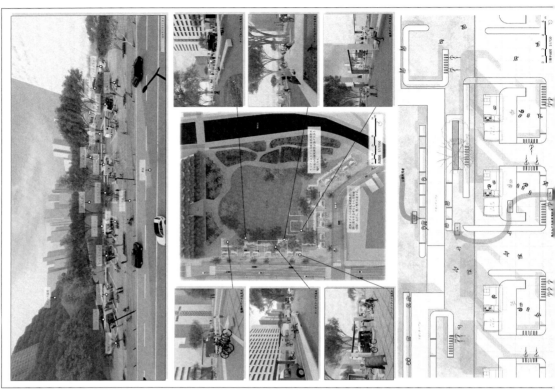

NEW PUBLIC with PARKING

見えない他者と共に
－枯葉剤から守るフェンス建築の提案－

古井悠介　　　　山口七海
武田さゆり
熊本大学

CONCEPT

戦争の遺恨である枯葉剤。見えない・近づけない・分からない。そんな他者を背後に、宇土市の人たちは恐怖の中生活を送っている。

コンクリートに包まれ地中に埋まる枯葉剤は、豪雨災害の影響によっていつ漏出してもおかしくない現状だ。

本提案では、枯葉剤の漏出を未然に防ぐため自然と人間の関係から問い直し、山の土壌を強化するフェンス建築を提案する。

そして、枯葉剤と共に生きなければならない町とこれからを再構する。

支部講評

枯葉剤が埋められた山裾で生活する人々の今後の在り方の提案という奇抜な視点でこの課題に取り組んだことが評価された。また、枯葉剤の近傍で生活する人々がそれを忌避することなく、受け入れて生活するためのきっかけづくりが社会的・建築的に提案されているのが良い。提案された＜グリーンアーキテクチュア＞と単なる＜自然の森林空間＞との差異がより具体的に示されていることが期待される。歴史的に構築されてきた庭園空間は、自然物を用いて人為的に構成された空間であり、知的空間が展開している場合が多い。自然物の集積と異なる＜アーキテクチュア＞の具体像を示すことができればなお良い。

（西村謙司）

支部入選

芽吹く伝統と
その道筋を綴る
－内密化された魅力の表出－

藤田遥人　　　石川大雅　　　山口ケイマール大空
大竹健生　　　堀池廉
佐賀大学

CONCEPT

有田焼は近代化による機械化が進み、工程が内密化した。製品と工程が乖離し、製品のみが価値の対象となった結果、観光業衰退と共に陶磁器としての価値の認識が薄まりつつある。そこで、製品だけでなく、内密化された工程を価値化した体験型宿泊観光施設を提案する。有田焼の工程に含まれる陶磁器生産技術の価値を体感し、人々の有田焼に対する認識の変化を促すと同時に、新たな有田町の中心として、人々を町中の有田焼へと導く。

支部講評

有田においてこの地の主要産業である磁器の内密化された工程を可視化した体験型宿泊観光施設の提案である。現存する製品・作品を展示・販売する場所に対する批評性に共感した。また、排熱を利用した建築設備の提案を実現するには技術的に検討すべき点が沢山あることが想像されるが、この地域でしか得ることのできないエネルギーの可能性を提示している点で高く評価できる。今後の有田における窯業の可能性を提示している。断面スケッチによりこの案の多くの魅力を理解することが出来たため、より詳細にこのスケッチを完成させ、大きくレイアウトした方が更にこの建築の魅力が伝わったのではないかと悔やまれる。

（古森弘一）

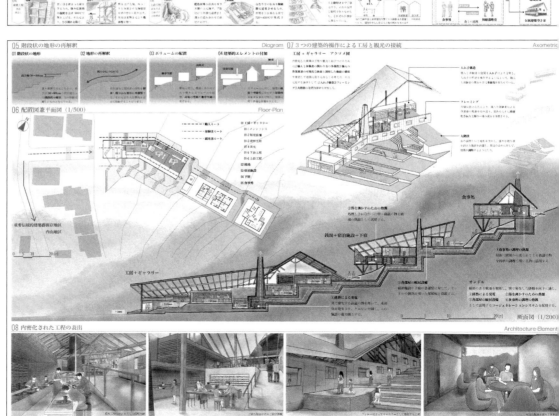

見放される土地と共に生きる
－市街化調整区域に残された斜面住宅地の可能性－

永友日向　　　　　東大貴
入江匠樹
熊本大学

CONCEPT

北九州市八幡東区の斜面住宅地は八幡製鉄所の発展と共に人口が増え、山裾にも住宅地が形成された。しかし斜面地の土砂災害の危険性や市街化調整区域の逆線引き、住民の高齢化により、いずれこの地を離れざるを得ない可能性がある地域である。そこで「他者」を見放されるこの地とおき、八幡東区民が日常の一部として訪れることができるように防災林の養林と残された空き家などのアリモノを用いた新たな都市空間を提案する。

支部講評

市街化調整区域に編入される斜面住宅地を対象に、市街地が縮退し、森林化されていくプロセスを描いた作品である。具体的には、斜面地の空き家を解体しながら、防災林を整備していく過程の中で、空き家解体時に発生する古材を、隣家解体の際の足場として再利用する。さらに、上屋解体後に残留した基礎部分を腰掛けに利用するなど、アリモノをできるだけ活用して、残された居住者のための空間づくりを行う提案だ。市街地縮退の時間軸への着目、オンサイトでの古材リユースというユニークなテーマ設定、ランドスケープ的なスケールで展開する斜面宅地の空間再編の描写、など総合的に興味深い作品となっている。

（宮崎慎也）

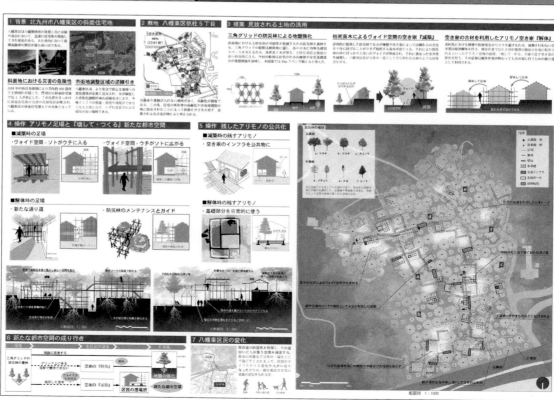

支部入選

雨と流転する暮らし

藤田結
後藤健志
熊本大学

CONCEPT

他者を雨とする。人々は雨を忌避しコンクリートの下の排水路に囚えている。その結果、都市では豪雨の際、排水路から雨水が溢れ出し内水氾濫が発生している。

本提案では、雨を受け入れる集合住宅を提案する。本来人々の生活から遠い調整池を街区内に複数設け、それらを水路でつなぐことで街区自体が氾濫を防ぐ装置となる。生活領域は雨によって変化し、人々は雨を受け入れながら暮らしていく。

支部講評

雨水を表に出し、共生する提案である。デザインされた湖底をもつ調整池の上で暮らす。水面の変化にあわせて空間が変わり、水位にあわせて暮らせる。プレゼンテーションもうまく、滲んだパースが雨との生活にマッチしている。

ただし一つのアイデアで突っ走った感がある。どの程度貯水ができ、昨今の豪雨に対応できるかといった実現性。水深の深さの合理性。水が溜まる時引いていく時の状況。つなぐとあるが流れは見えない。屋根形状は雨をどう暮らしに映すのか。等々、シーンは描かれているが、暮らしのリアリティが見えてこない。そのあたりを丁寧にイメージして掘り下げればもっといい作品になるだろう。

（安武敦子）

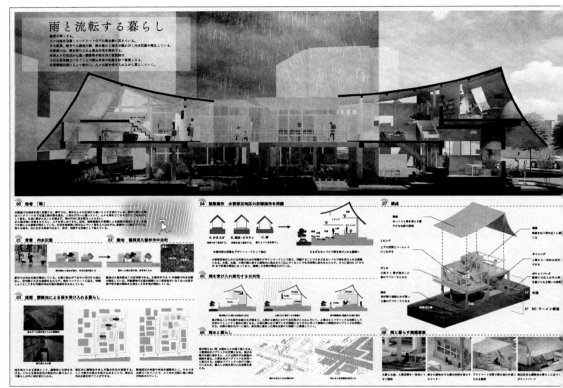

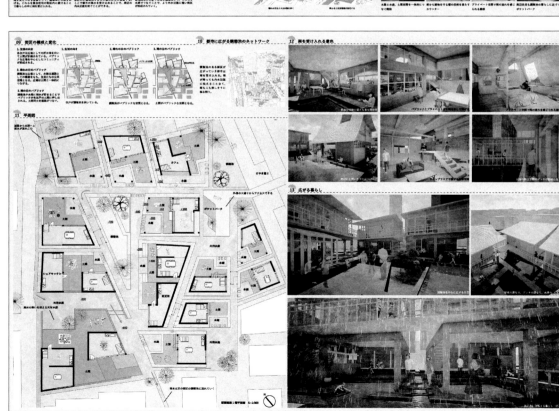

彩る農地
―生産緑地を媒介した農業との共生―

徳丸菜摘
宮里稔也

熊本大学

支部入選

CONCEPT

人は古来より農業により生活を豊かにし、文明を発展させてきた。しかし、過剰な開発行為により、自然に寄生する生き物と化し、農業との共生は絶たれてしまった。自己を人、他者を農業と定義し、市街地に存在する生産緑地に、農業体験が可能な宿泊機能と市場機能の複合施設を提案する。これまで追求してきた農業の「利用的価値」だけでなく、「内在的価値」「本質的価値」を再認識することで農業と人の共生を目指す。

支部講評

市街地に実在する生産緑地に、農業体験が可能な宿泊機能と市場機能の複合施設の提案である。農業を社会に対して顕在化することに成功している。また、建築の提案において空間に頼る内部空間を極力限定的にし、外気に触れる場所を多く設定し、この場所をさらに魅力あるものにしている。また、客室も散在させ、適度な距離感を保つことにより農業だけに限らない利用も想像させる。ハイサイドライトやカーテンによる通風の可視化など具体的な提案もこの建築の魅力の理解に大きな役割を果たしている。次をいえば、平面計画において、この建築により影になる敷地の北側にも農地が展開している点が気になる。住宅が密集している敷地であるからこそ、作物への日射に対する配慮が望まれるのではないだろうか。

（古森弘一）

2022年度　支部共通事業　日本建築学会設計競技

応募要項
[課題]「他者」とともに生きる建築

〈主催〉　日本建築学会

〈後援〉　日本建設業連合会
　　　　　日本建築家協会
　　　　　日本建築士会連合会
　　　　　日本建築士事務所協会連合会

〈主旨〉

　「他者」に想いを巡らせ、「他者」と関わり合うことは、生きていく上でなくてはならないことである。もちろん私たちが属する地域や社会は、日々「他者」とともにあるが、「他者」を介して自らを知り、また自らが変わっていくことこそ、この関わり合いが齎す最大の価値である。では、このような「他者」とともに生きることは、果たして現代において実現できているだろうか。建築や都市は、それを後押しできているだろうか。

　ところで「他者」は、もともと「自分以外の、ほかの者」（広辞苑）を指していたが、近年では自分以外の家族や自然、動植物など、自らがコントロールできない存在にも拡張して使われている。それは恐らく人間が、こうした存在をコントロール可能な対象と捉えて振る舞うか、もしくは排除してきた社会への問い直しの表れであろう。住宅は、「自己」のためにつくられ、公共施設は、「個」が「公」からのサービスを受ける場に成り下がり、自然は、建築を彩る装飾に矮小化している状況に対し、家びらきやシェア、『動いている庭』（ジル・クレマン）など、様々な試みもすでに実践されているが、ここではさらにその先を考えてみたいと思う。

　コントロールできない「他者」を受け入れ、そして自らも変わっていくような動的な状態を受け止める建築や都市は、いかなるものだろうか。自分にとっての「他者」を具体的に想定し、ともに生きるための建築、都市を考えてみてください。

（審査委員長　千葉　学）

〈応募規程〉

A．課題

　「他者」とともに生きる建築

B．条件

　実在の場所（計画対象）を設定すること。

C．応募資格

　本会個人会員（準会員を含む）、または会員のみで構成するグループとする。なお、同一代表名で複数の応募をすることはできない。

※未入会の場合は、入会手続きを完了したうえで応募すること。ただし、口座振替の場合は、2022年4月20日（水）までに入会手続きを完了すること。（応募期間と異なるためご注意ください。）

※未入会者、2022年度会費未納者ならびにその該当者が含まれるグループの応募は受け付けない。応募時までに完納すること。

D．提出物

　下記3点を提出すること。

a．計画案のPDFファイル

　以下の①〜④をA2サイズ（420×594㎜）2枚に収めた後、A3サイズ2枚に縮小したPDFファイル。（解像度は350dpiを保持し、容量は合計20MB以内とする。PDFファイルは1枚目が1ページ目、2枚目が2ページ目となるように作成する。A2サイズ1枚にはまとめないこと。）模型写真等を自由に組み合わせ、わかりやすく表現すること。
　① 具体的に想定した「他者」を示すこと
　② 設計主旨（文字サイズは10ポイント以上とし、600字以内の文章にまとめる）
　③ 計画条件・計画対象の現状（図や写真等を用いてよい）
　④ 配置図、平面図、断面図、立面図、透視図（縮尺明記のこと）

b．作品名および設計主旨のWordファイル

　「a. 計画案のPDFファイル」に記載した作品名と設計主旨の要約（200字以内とし、図表や写真等は除く）をA4サイズ1枚に収めたWordファイル。なお、容量は20MB以内とする。

c．顔写真のJPGファイル

　横4cm×縦3cm以内で、共同制作者を含む全員の顔が写っているもの1枚に限る。なお、容量は20MB以内とする。

※提出物は、入選後に刊行される『2022年度日本建築学会設計競技優秀作品集』（技報堂出版）および『建築雑誌』の入選作品紹介の原稿として使用します。

E．注意事項

①2021年度より、応募方法がWeb応募に変更となりました。募集ページに掲載する「応募サイト」上での応募者情報の入力および提出物のデータ送信をもって応募となります。締切後の訂正は一切できず、提出物のメール添付やCD-R等での郵送、持参は受け付けません。※詳細は「F.応募方法および応募期間」や募集ページ参照。

②応募要領の公開後に生じた変更事項や最新情報については、随時募集ページ上に掲載します。実際に応募する前に確認してください。

③「D.提出物」には、氏名・所属などの応募者が特定できる情報（ファイル作成者等も含む）を記載してはいけません。なお、提出物は返却いたしません。

④応募作品は、未公開で未発表の応募者自身によるオリジナル作品であること。他の設計競技等へ過去に応募した作品や現在応募中の作品（二重応募）は応募できません。

⑤応募作品は、全国二次審査会が終了するまで、あらゆる媒体での公開や発表を禁じます。

⑥入選者には、入選者の負担で展示パネル等を作成していただく場合があります。

⑦応募要領に違反した場合は受賞を取り消す場合があります。

⑧新型コロナウイルス感染症等の影響により、全国二次審査会の開催方法等を変更する場合があります。

F．応募方法および応募期間

①応募方法
　後掲の募集ページへ掲載する要領等を確認のうえ、「応募サイト」より応募ください。

②応募支部
　「応募サイト」の"応募支部"では、計画対象の所在地を所轄する本会各支部を選択してください。例えば、関東支部所属の応募者が計画対象の所在地を東北支部所轄地域内に設定した場合は、東北支部を選択してください。計画対象の所在地を海外に設定した場合は、応募者が所属する支部を選

択してください。応募先の支部にて支部審査を行うため、応募支部に誤りのある場合は、審査対象外となる場合もありますのでご注意ください。なお、本会各支部の所轄地域は、「J.問合せ」②をご参照ください。

募集ページ：
https://www.aij.or.jp/event/detail.html?productId=654217

③応募期間
2022年5月13日（金）～6月13日（月）16:59（厳守）

G. 審査方法

①支部審査
応募作品を支部ごとに審査し、応募数が15件以下は応募数の1/3程度、16～20件は5件を支部入選とする。また、応募数が20件を超える分は、5件の支部入選作品に支部審査委員の判断により、応募数5件ごと（端数は切り上げ）に対し1件を加えた件数を上限として支部入選とする。

②全国審査
支部入選作品をさらに本部に集め全国審査を行い、「H.賞および審査結果の公表等」の全国入選作品を選出する。

1）全国一次審査会（非公開）
全国入選候補作品とタジマ奨励賞の決定。

2）全国二次審査会（公開）※オンライン開催を予定。詳細未定。
全国入選候補者によるプレゼンテーションを実施し、その後に最終審査を行い、各賞と佳作を決定する。代理によるプレゼンテーションは認めない。なお、タジマ奨励賞のプレゼンテーションは行わない。

日時（予定）：2022年9月13日（火）
　　　　　　　13:00～
場所（予定）：オンライン
プログラム（予定）：
　　13:00～全国入選候補者によるプレ
　　　　　　ゼンテーション
　　15:00～公開審査
　　17:00～結果発表

③審査員（敬称略順不同）

〈全国審査員〉

委員長
　千葉　　学（東京大学教授）

委　員
　赤松佳珠子（法政大学教授）
　蟻塚　　学（蟻塚学建築設計事務所代表取締役）
　貝島　桃代（スイス連邦工科大学チューリッヒ校教授）
　高野　洋平（MARU。architecture 共同主宰）
　前田　圭介（近畿大学教授）
　柳沢　　究（京都大学准教授）

〈支部審査員〉

●**北海道支部**
　赤坂真一郎（アカサカシンイチロウアトリエ代表取締役）
　久野　浩志（久野浩志建築設計事務所代表）
　小西　彦仁（ヒココニシアーキテクチュア代表取締役）
　松島　潤平（北海道大学准教授）
　山田　　良（札幌市立大学教授）
　山之内裕一（山之内建築研究所代表）

●**東北支部**
　齋藤　　光（はりゅうウッドスタジオ・パートナー）
　坂口　大洋（仙台高等専門学校教授）
　田澤　紘子（宮城大学特任助教）
　手島　浩之（都市建築設計集団/UAPP代表取締役）
　濱　　定史（山形大学助教）

●**関東支部**
　落合　正行（日本大学助教）
　海法　　圭（海法圭建築設計事務所代表取締役）
　都築　良典（大林組本社設計本部本部長室部長）
　宮部　裕史（NTTファシリティーズ都市・建築設計本部建築設計部門部長）
　村山　　徹（ムトカ建築事務所共同代表）

●**東海支部**
　岩月　美穂（studio velocity一級建築士事務所共同主宰）
　小野寺一成（三重短期大学教授）
　佐々木勝敏（佐々木勝敏建築設計事務所代表）
　白川　　在（金城学院大学准教授）
　夏目　欣昇（名古屋工業大学准教授）

●**北陸支部**
　佐藤　考一（金沢工業大学教授）
　清水　俊貴（福井工業大学准教授）
　棒田　　恵（新潟大学助教）
　梅干野成央（信州大学准教授）
　宮下　智裕（金沢工業大学准教授）
　横山　天心（富山大学准教授）

●**近畿支部**
　落合　知帆（京都大学准教授）

　小幡　剛也（竹中工務店大阪本店設計部第3設計部長）
　三宗　知之（東畑建築事務所本社オフィス大阪副代表）
　南浦　琢磨（安井建築設計事務所大阪事務所設計部部長）
　吉岡　聡司（大阪大学准教授）

●**中国支部**
　岡松　道雄（山口大学教授）
　土井　一秀（近畿大学教授）
　中薗　哲也（広島大学准教授）
　原　　浩二（原浩二建築設計事務所所長）
　向山　　徹（岡山県立大学教授）

●**四国支部**
　東　　哲也（建築設計群無垢取締役）
　齊藤　　正（齊藤正輯工房代表取締役）
　中川　俊博（中川建築デザイン室代表取締役）
　二宮　一平（二宮一平建築設計事務所所長）

●**九州支部**
　西村　謙司（日本文理大学教授）
　古森　弘一（古森弘一建築設計事務所代表取締役）
　宮崎　慎也（福岡大学准教授）
　安武　敦子（長崎大学教授）
　山田　浩史（北九州市立大学講師）

H. 賞および審査結果の公表等

①賞

1）支部入選：支部長より賞状および賞牌を贈る（ただし、全国入選者・タジマ奨励賞は除く）。

2）全国入選：次のとおりとする（合計12件以内）。
　●**最優秀賞**：2件以内
　　　　　　　賞状・賞牌・賞金（計100万円）
　●**優秀賞**：数件
　　　　　　賞状・賞牌・賞金（各10万円）
　●**佳　作**：数件
　　　　　　賞状・賞牌・賞金（各5万円）

3）タジマ奨励賞：タジマ建築教育振興基金により、支部入選作品の中から、準会員の個人またはグループを対象に授与する（10件以内）。
　　賞状・賞牌・賞金（各10万円）

②審査結果の公表等
・支部審査の結果：各支部より応募者に通知（7月14日以降予定）

・全国審査およびタジマ奨励賞の結果：
本部より全国一次審査結果を支部入選
者に通知（8月上旬）
・全国入選作品・審査講評：『建築雑誌』
ならびに本会Webサイトに掲載

I．著作権

応募作品の著作権は、応募者に帰属する。ただし、本会および本会が委託したものが、この事業の主旨に則して『建築雑誌』または本会Webサイトへの掲載、紙媒体出版物（オンデマンド出版を含む）および電子出版物（インターネット等を利用し公衆に送信することを含む）、展示などでの公表等に用いる場合は、無償でその使用を認めることとする。

J．問合せ

①応募サイトに関する問合せ

日本建築学会支部共通設計競技 電子応募受付係

TEL.03-3456-2056

E-mail sskoubo@aij.or.jp

②その他の問合せ、各支部事務局一覧[計画対象地域]

日本建築学会北海道支部

[北海道]

TEL.011-219-0702

E-mail aij-hkd@themis.ocn.ne.jp

日本建築学会東北支部

[青森、岩手、宮城、秋田、山形、福島]

TEL.022-265-3404

E-mail aij-tohoku@mth.biglobe.ne.jp

日本建築学会関東支部

[茨城、栃木、群馬、埼玉、千葉、東京、神奈川、山梨]

TEL.03-3456-2050

E-mail kanto@aij.or.jp

日本建築学会東海支部

[静岡、岐阜、愛知、三重]

TEL.052-201-3088

E-mail tokai-sibu@aij.or.jp

日本建築学会北陸支部

[新潟、富山、石川、福井、長野]

TEL.076-220-5566

E-mail aij-h@p2222.nsk.ne.jp

日本建築学会近畿支部

[滋賀、京都、大阪、兵庫、奈良、和歌山]

TEL.06-6443-0538

E-mail aij-kinki@kfd.biglobe.ne.jp

日本建築学会中国支部

[鳥取、島根、岡山、広島、山口]

TEL.082-243-6605

E-mail chugoku@aij.or.jp

日本建築学会四国支部

[徳島、香川、愛媛、高知]

TEL.0887-53-4858

E-mail aijsc@kochi-tech.ac.jp

日本建築学会九州支部

[福岡、佐賀、長崎、熊本、大分、宮崎、鹿児島、沖縄]

TEL.092-406-2416

E-mail kyushu@aij.or.jp

【優秀作品集について】

全国入選・支部入選作品は『日本建築学会設計競技優秀作品集』（技報堂出版）に収録し刊行されます。過去の作品集も、設計の参考としてご活用ください。

＜過去5年の課題＞

・2021年度
「まちづくりの核として福祉を考える」
・2020年度
「外との新しいつながりをもった住まい」
・2019年度
「ダンチを再考する」
・2018年度
「住宅に住む、そしてそこで稼ぐ」
・2017年度
「地域の素材から立ち現れる建築」

＜詳細・販売＞

技報堂出版　https://gihodobooks.jp/

入選者・応募数一覧

■全国入選者一覧

賞	会員	代表	制作者	所属	支部
最優秀賞	正会員	○	亀山 拓海	大阪工業大学	近畿
	〃		谷口 歩	大阪工業大学	
	準会員		芝尾 宝	大阪工業大学	
	〃		袋谷 拓央	大阪工業大学	
	〃		古家 さくら	大阪工業大学	
	〃		桝田 竜弥	大阪工業大学	
	〃		島原 理玖	大阪工業大学	
	〃		村山 元基	大阪工業大学	
最優秀賞	正会員	○	半澤 諒	大阪工業大学	近畿
	〃		池上 真未子	大阪工業大学	
	〃		井宮 靖崇	大阪工業大学	
	〃		小瀧 玄太	大阪工業大学	
優秀賞	正会員	○	上垣 勇斗	近畿大学	中国
	〃		藤田 虎之介	近畿大学	
	〃		船山 武士	近畿大学	
	〃		吉田 真子	近畿大学	
優秀賞	正会員	○	曽根 大矢	近畿大学	中国
	〃		粕谷 しま乃	近畿大学	
	〃		池内 聡一郎	近畿大学	
	〃		篠村 悠人	近畿大学	
	〃		小林 成樹	近畿大学	
優秀賞	正会員	○	谷本 優斗	神奈川大学	関東
	〃		半井 雄汰	神奈川大学	
	〃		嶋谷 勇希	神奈川大学	
	〃		林 眞太朗	神奈川大学	
	〃		井口 翔太	神奈川大学	
優秀賞	正会員	○	栁田 陸斗	鹿児島大学	九州
佳作	正会員	○	清 亮太	日本大学	関東
	〃		木田 琉誓	日本大学	
	〃		星川 大輝	日本大学	
	〃		松下 優希	日本大学	
	〃		中村 健人	日本大学	
佳作	正会員	○	中川 晃都	日本大学	関東
	〃		井上 了太	日本大学	
	〃		岩﨑 琢朗	日本大学	
	〃		熊谷 拓也	日本大学	
佳作	正会員	○	橘口 真緒	東京理科大学	関東
	〃		殖栗 瑞葉	東京理科大学	
	〃		山口 丈太朗	東京理科大学	
	〃		小林 泰	東京理科大学	
佳作	正会員	○	宮地 栄吾	広島工業大学	中国
	準会員		原 琉太	広島工業大学	
	〃		松岡 義尚	広島工業大学	
佳作	正会員	○	本山 有貴	神戸大学	近畿
	〃		有吉 慶太	神戸大学	
	〃		眞下 健也	神戸大学	
	〃		尹 道現	神戸大学	

■タジマ奨励賞入選者一覧

賞	会員	代表	制作者	所属	支部
タジマ奨励賞	準会員	○	青木 優花	愛知工業大学	近畿
	〃		杉浦 丹歌	愛知工業大学	
	〃		加藤 孝大	愛知工業大学	
	〃		浅田 一成	愛知工業大学	
	〃		岩淵 蓮也	愛知工業大学	
タジマ奨励賞	準会員	○	釘宮 尚暉	日本文理大学	九州
	〃		津田 大輝	日本文理大学	
	〃		齊藤 維衣	日本文理大学	
タジマ奨励賞	準会員	○	熊﨑 瑠茉	愛知工業大学	近畿
	〃		大塚 美波	愛知工業大学	
	〃		橋村 遼太朗	愛知工業大学	
	〃		保田 真菜美	愛知工業大学	
	〃		山本 裕也	愛知工業大学	
タジマ奨励賞	準会員	○	鈴木 蒼都	愛知工業大学	東海
	〃		加藤 美咲	愛知工業大学	
	〃		名倉 和希	愛知工業大学	
	〃		川村 真凜	愛知工業大学	
タジマ奨励賞	準会員	○	丹羽 菜々美	愛知工業大学	東海
	〃		久保 壮太郎	愛知工業大学	
	〃		院南 汐里	愛知工業大学	
	〃		笠原 梨花	愛知工業大学	
タジマ奨励賞	準会員	○	服部 楓子	愛知工業大学	東海
	〃		明星 拓未	愛知工業大学	
	〃		後藤 由紀子	愛知工業大学	
	〃		五家 ことの	愛知工業大学	

■支部別応募数、支部選数、全国選数

支 部	応募数	支部入選	全国入選	タジマ奨励賞
北海道	7	2		
東 北	12	4		
関 東	59	12	優 秀 賞1 佳 作3	
東 海	33	7		3
北 陸	16	5		
近 畿	43	8	最優秀賞2	1
中 国	45	9	優 秀 賞2 佳 作2	1
四 国	4	1		
九 州	66	13	優 秀 賞1	1
合 計	285	61	11	6

　1889(明治22)年、帝室博物館を通じての依頼で「宮城正門やぐら台上銅器の意匠」を募集したのが、本会最初の設計競技である。

　はじめて本会が主催で催したものは、1906(明治39)年の「日露戦役記念建築物意匠案懸賞募集」である。

　その後しばらく外部からのはたらきかけによるものが催された。

　1929(昭和4)年から建築展覧会(第3回)の第2部門として設計競技を設け、若い会員の登竜門とし、1943(昭和18)年を最後に戦局悪化で中止となるまで毎年催された。これが現在の前身となる。

　戦後になって支部が全国的に設けられ、1951(昭和26)年に関東支部が催した若い会員向けの設計競技に全国から多数応募があったことがきっかけで、1952(昭和27)年度から本部と支部主催の事業として、会員の設計技能練磨を目的とした設計競技が毎年恒例で催されている。

　この設計競技は、第一線で活躍されている建築家が多数入選しており、建築家を目指す若い会員の登竜門として高い評価を得ている。

順位	氏 名	所 属
●1952	防火建築帯に建つ店舗付共同住宅	
1等	伊藤 清	成和建設名古屋支店
2等	工藤隆昭	竹中工務店九州支店
3等	大木康次	郵政省建築部
	広瀬一良	中建築設計事務所
	広谷嘉秋	〃
	梶田 丈	〃
	飯岡重雄	清水建設北陸支店
	三谷昭男	京都府建築部
●1953	公民館	
1等	宮入 保	早稲田大学
2等	柳 真也	早稲田大学
	中田清兵衛	早稲田大学
	桝本 賢	〃
	伊橋戌義	〃
3等	鈴木喜久雄	武蔵工業大学
	山田 篤	愛知県建築部
	船橋 巖	大林組
	西尾武史	〃
●1954	中学校	
1等	小谷喬之助	日本大学
	高橋義明	〃
	右田 宏	〃
2等 (1席)	長倉康彦	東京大学
	船越 徹	〃
	太田利彦	〃
	守屋秀夫	〃
	鈴木成文	〃
	覚 和夫	〃
	加藤 勉	〃
(2席)	伊藤幸一	清水建設大阪支店
	稲葉歳明	〃
	木村康彦	〃
	木下晴夫	〃
	讃岐捷一郎	〃
	福井弘明	〃
	宮武保義	〃
	森 正信	〃
	力武利夫	〃
	若野暢三	〃
3等 (1席)	相田祐弘	坂倉建築事務所
	桝本 賢	日銀建築部
(2席)	森下祐良	大林組本店
(3席)	三宅隆幸	伊藤建築事務所
	山本晴生	横河工務所
	松原成元	横浜市役所営繕課
●1955	小都市に建つ小病院	
1等	山本俊介	清水建設本社
	高橋精一	〃
	高野重文	〃
	寺本俊彦	〃
	間宮昭朗	〃
2等 (1席)	浅香久春	建設省営繕局
	柳沢 保	〃
	小林 彰	〃
	杉浦 進	〃
	高野 隆	〃
	大久保欽之助	〃
	甲木康男	〃
	寺畑秀夫	〃
	中村欽哉	〃
(2席)	野中 卓	野中建築事務所
3等 (1席)	桂 久男	東北大学
	坂田 泉	〃
	吉目木幸	〃
	武田 晋	〃
	松本啓俊	〃
	川股重也	〃

順位	氏 名	所 属
	星 達雄	東北大学
(2席)	宇野 茂	鉄道会館技術部
(3席)	稲葉歳明	清水建設大阪支店
	宮武保義	〃
	木下晴雄	〃
	讃岐捷一郎	〃
	福井弘明	〃
	森 正信	〃
●1956	集団住宅の配置計画と共同施設	
入選	磯崎 新	東京大学
	奥平耕造	前川國男建築設計事務所
	川上秀光	東京大学
	冷牟田純二	横浜市役所建築局
	小原 誠	電電公社建築局
	太田隆信	早稲田大学
	藤井博巳	〃
	吉川 浩	〃
	渡辺 満	〃
	岡田新一	東京大学
	土肥博至	〃
	前田尚美	〃
	鎌田恭男	大阪市立大学
	斎藤和夫	〃
	寺内 信	京都工芸繊維大学
●1957	市民体育館	
1等	織田愈史	日建設計工房名古屋事務所
	根津耕一郎	〃
	小野ゆみ子	〃
2等	三橋千悟	渡辺西郷設計事務所
	宮入 保	佐藤武夫設計事務所
	岩井涓一	梓建築事務所
	岡部幸蔵	日建設計名古屋事務所
	鋤納忠治	〃
	高橋 威	〃
3等	磯山 元	松田平田設計事務所
	青木安治	〃
	五十住明	〃
	太田昭三	清水建設九州支店
	大場昌弘	〃
	高田 威	大成建設大阪支店
	深谷浩一	〃
	平田泰次	〃
	美野吉昭	〃
●1958	市民図書館	
1等	佐藤 仁	国会図書館建築部
	栗原嘉一郎	東京大学
2等 (1席)	入部敏幸	電電公社建築局
	小原 誠	〃
(2席)	小坂隆次	大阪市建築局
	佐川嘉弘	〃
3等 (1席)	溝端利美	鴻池組名古屋支店
(2席)	小玉武司	建設省営繕局
(3席)	青山謙一	潮建築事務所
	山岸文男	〃
	小林美夫	日本大学
	下妻 力	佐藤建築事務所
●1959	高原に建つユース・ホステル	
1等	内藤徹男	大阪市立大学
	多胡 進	〃
	進藤汎海	〃
	富田寛志	奥村組
2等 (1席)	保坂陽一郎	芦原建築設計事務所
(2席)	沢田隆夫	芦原建築設計事務所

順位	氏名	所属
3等(1席)	太田隆信	坂倉建築事務所
(2席)	酒井蔚聿	名古屋工業大学
(3席)	内藤徹男 多胡進 進藤汎海 富田寛志	大阪市立大学 〃 〃 奥村組

●1960 ドライブインレストラン

順位	氏名	所属
1等	内藤徹男 斎藤英彦 村尾成文	山下寿郎設計事務所
2等(1席)	小林美夫 若色峰郎	日本大学理
(2席)	太田邦夫	東京大学
3等(1席)	秋岡武男 竹原八郎 久門勇夫 藤田昌美 溝神宏至朗 結崎東衛	大阪市立大学
(2席)	沢田隆夫	芦原建築設計事務所
(3席)	浅見欣司 小高鎮夫 南迫哲也 野浦淳	永田建築事務所 白石建築 工学院大学 宮沢・野浦建築事務所

●1961 多層車庫（駐車ビル）

順位	氏名	所属
1等	根津耕一郎 小松崎常夫	東畑建築事務所
2等(1席)	猪狩達夫 高田光雄 土谷精一	菊竹清訓建築事務所 長沼純一郎建築事務所 住金鋼材
(2席)	上野斌	広瀬鎌二建築設計事務所
3等(1席)	能勢次郎 中根敏彦	大林組
(2席)	丹田悦雄	日建設計工務
(3席)	千原久史 古賀新吾	文部省施設部福岡工事事務所
(4席)	篠儀久雄 高楠直夫 平内祥夫 坂井勝次郎 伊藤志郎 田坂邦夫 岩渕淳次 桜井洋雄	竹中工務店名古屋支店

●1962 アパート（工業化を目指した）

順位	氏名	所属
1等	大江幸弘 藤田昌美	大阪建築事務所
2等(1席)	多賀修三	中央鉄骨工事
(2席)	青木健 桑本洋 鈴木雅夫 弘永直康 古野強	九州大学
3等(1席)	大沢辰夫	日本住宅公団
(2席)	茂木謙悟 柴田弘光 岩尾襄	九州大学
(3席)	高橋博久	名古屋工業大学

●1963 自然公園に建つ国民宿舎

順位	氏名	所属
1等	八木沢壮一 戸口靖夫 大久保全陸	東京都立大学

順位	氏名	所属
2等(1席)	若色峰郎 秋元和雄 筒井英雄 津路次朗	日本大学 清水建設 カトウ設計事務所 日本大学
(2席)	上塘洋一 松山岩雄 西村武	西村設計事務所 白川設計事務所 吉江設計事務所
3等(1席)	竹内皓 内川正人	三菱地所
(2席)	保坂陽一郎	芦原建築設計事務所
(3席)	林魏	石本建築事務所

●1964 国内線の空港ターミナル

順位	氏名	所属
1等	小松崎常夫	大江宏建築事務所
2等(1席)	山中一正	梓建築事務所
(2席)	長島茂己	明石建築設計事務所
3等(1席)	渋谷昭 渋谷義宏 中村金治 清水英雄	建築創作連合
(2席)	鈴木弘志	建設省営繕局
(3席)	坂巻弘一 高橋一躬 竹内皓	大成建設 三菱地所

●1965 温泉地に建つ老人ホーム

順位	氏名	所属
1等	松田武治 河合喬史 南和正	鹿島建設
2等(1席)	浅井光広 松崎稔 河西猛	白川建築設計事務所
(2席)	森惣介 岡田俊夫 白井正義 渡辺了策	東鉄管理局施設部 国鉄本社施設局 東鉄管理局施設部 国鉄本社施設局
3等(1席)	村井啓 福沢健次 志田巌 渡辺泰男	槇総合計画事務所 千葉大学
(2席)	近藤繁 田村清 水嶋勇郎 芳谷勝濔	日建設計工務
(3席)	森史夫	東京工業大学

●1966 農村住宅

順位	氏名	所属
1等	鈴木清史 野呂恒二 山田尚義	小崎建築設計事務所 林・山田・中原設計同人 匠設計事務所
2等(1席)	竹内耕 大吉春雄 椎名茂	明治大学 下元建築事務所 〃
(2席)	田村光 倉光昌彦	中山克巳建築設計事務所
3等(1席)	三浦紀之 高山芳彦	磯崎新アトリエ 関東学院大学
(2席)	増野暁 井口勝文	竹中工務店
(3席)	田良島昭	鹿児島大学

●1967 中都市に建つバスターミナル

順位	氏名	所属
1等	白井正義 深沢健二 柳下計 清水俊克 四日幹庸	東京鉄道管理局 国鉄東京工事局 東京鉄道管理局 国鉄東京工事局 東京鉄道管理局

順位	氏名	所属
	保坂時雄 早川一武 竹谷一夫 野原明彦 高本司 森惣介 渡辺了策 坂井敬次	国鉄東京工事局 東京鉄道管理局 国鉄東京工事局 東京鉄道管理局 〃 国鉄東京工事局 〃 〃
2等(1席)	安田丑作	神戸大学
(2席)	白井正義 他12名1等入選者と同じ	東京鉄道管理局
3等(1席)	平昭男	平建築研究所
(2席)	古賀宏右 矢野彰夫 清原暢 紀田兼武 中野俊章 城島嘉八郎 木梨良彦 梶原順	清水建設九州支店
(3席)	唐沢昭夫 畑聰一 有坂勝 平野周 鈴木誠司	芝浦工業大学助手 芝浦工業大学

●1968 青年センター

順位	氏名	所属
1等	菊地大麓	早稲田大学
2等(1席)	長峰章 長谷部浩	東洋大学助手 東洋大学
(2席)	坂野醇一	日建設計工務名古屋事務所
3等(1席)	大橋晃一 大橋二朗	東京理科大学助手 東京理科大学
(2席)	柳村敏彦	教育施設研究所
(3席)	八木幸二	東京工業大学

●1969 郷土美術館

順位	氏名	所属
入選	気賀沢俊之 割田正雄 後藤直道	早稲田大学 〃 〃
	小林勝由 冨士覇王	丹羽英二建築事務所 清水建設名古屋支店
	和久昭夫 楓文夫 若宮淳一 実崎弘司	桜井事務所 安宅エンジニアリング 日本大学
	道本裕忠 福井敬之輔 佐藤護	大成建設本社 大成建設名古屋支店 大成建設新潟支店
	橋本文隆 田村真一	芦原建築設計研究所 武蔵野美術大学

●1970 リハビリテーションセンター

順位	氏名	所属
入選	阿部孝治 伊集院豊麿 江上徹 竹下秀俊 中溝信之 林俊生	九州大学 〃 〃 〃 〃 〃
	本田昭四 松永豊	九州大学助手 九州大学
	土田裕康 松本信孝	東京都立田無工業高校
	岩渕昇二	工学院大学
	佐藤憲一	中野区役所建設部
	坪山幸生 杉浦定雄	日本大学 アトリエ・K

順位	氏名	所属
	伊沢 岬	日本大学
	江中伸広	〃
	坂井建正	〃
	小井義信	アトリエ・K
	吉田 諄	〃
	真鍋勝利	日本大学
	田代太一	〃
	仲村澄夫	〃
	光崎俊正	岡建築設計事務所
	宗像博道	鹿島建設
	山本敏夫	〃
	森田芳憲	三井建設

●1971 小学校

順位	氏名	所属
1等	岩井光男	三菱地所
	鳥居和茂	西原研究所
	多田公昌	ヨコテ建築事務所
	芳賀孝和	和田設計コンサルタント
	寺田晃光	三愛石油
	大柿陽一	日本大学
2等	栗生 明	早稲田大学
	高橋英二	〃
	渡辺吉章	〃
	田中那華男	井上久雄建築設計事務所
3等	西川禎一	鹿島建設
	天野喜信	〃
	山口 等	〃
	渋谷外志子	〃
	小林良雄	芦原建築設計研究所
	井上 信	千葉大学
	浮々谷啓悟	〃
	大泉研二	〃
	清田恒夫	〃

●1972 農村集落計画

順位	氏名	所属
1等	渡辺一二	創造社
	大極利明	〃
	村山 忠	SARA工房
2等(1席)	藤本信義	東京工業大学
	楠本侑司	〃
	藍沢 宏	〃
	野原 剛	〃
(2席)	成富善治	京都大学
	町井 充	〃
3等(1席)	本田昭四	九州大学助手
	井手秀一	九州大学
	樋口栄作	〃
	林 俊生	〃
	近藤芳男	〃
	日野 修	〃
	伊集院豊麿	〃
	竹下輝和	〃
(2席)	米津兼男	西尾建築設計事務所
	佐川秀雄	工学院大学
	大町知之	〃
	近藤英雄	〃
(3席)	三好庸隆	大阪大学
	中原文雄	〃

●1973 地方小都市に建つコミュニティーホスピタル

順位	氏名	所属
1等	宮城千城	工学院大学助手
	石渡正行	工学院大学
	内野 豊	〃
	梶本実乗	〃
	天野憲二	〃
	小林正孝	〃
	三好 薫	〃
2等(1席)	高橋公雄	RG工房
	宝田昌秀	〃
	岩崎成義	〃
	加瀬幸次	〃
(2席)	内田久雄	RG工房
	安藤輝男	〃
	深谷俊則	UA都市・建築研究所
	込山俊二	山下寿郎設計事務所
	高村慶一郎	UA都市・建築研究所
3等(1席)	井手秀一	九州大学
	上和田茂	〃
	竹下輝和	〃
	日野 修	〃
	梶山喜一郎	〃
	永富 誠	〃
	松下隆太	〃
	村上良知	〃
	吉村直樹	〃
(2席)	山本育三	関東学院大学
(3席)	大町知之	工学院大学
	米津兼男	〃
	佐川秀雄	毛利建築設計事務所
	近藤英雄	工学院大学

●1974 コミュニティスポーツセンター

順位	氏名	所属
1等	江口 潔	千葉大学
	斎藤 実	〃
2等(1席)	佐野原二	藍建築設計センター
(2席)	渡上和則	フジタ工業設計部
3等(1席)	津路次朗	アトリエ・K
	杉浦定雄	〃
	吉田 諄	〃
	真鍋勝利	〃
	坂井建正	〃
	田中重光	〃
	木田 俊	〃
	斎藤祐子	〃
	阿久津裕幸	〃
(2席)	神長一郎	SPACEDESIGNPRODUCESYSTEM
(3席)	日野一男	日本大学
	連川正徳	〃
	常川芳男	〃

●1975 タウンハウス—都市の低層集合住宅

順位	氏名	所属
1等	該当者なし	
2等	毛井正典	芝浦工業大学
	伊藤和範	早稲田大学
	石川俊治	日本国土開発
	大島博明	千葉大学
	小室克夫	〃
	田中二郎	〃
	藤倉 真	〃
3等	衣袋洋一	芝浦工業大学
	中西義和	三貴土木設計事務所
	森岡秀幸	国土工営
	永友秀人	R設計社
	金子幸一	三貴土木設計事務所
	松田福和	奥村組本社

●1976 建築資料館

順位	氏名	所属
1等	佐藤元昭	奥村組
2等	田中康勝	芝浦工業大学
	和田法正	〃
	香取光夫	〃
	田島英夫	〃
	福沢 清	〃
	功刀 強	〃
3等	伊沢 岬	日本大学助手
	大野 豊	日本大学
	笠間康雄	〃
	柿本人司	〃
	佐藤洋一	〃

順位	氏名	所属
	高橋鎮男	日本大学
	場々洋介	〃
	入江敏郎	〃
	功刀 強	芝浦工業大学
	田島英夫	〃
	福沢 清	〃
	和田法正	〃
	香取光夫	〃
	田中康勝	〃
	坂口 修	鹿島建設
	平田典千	〃
	山田嘉朗	東北大学
	大西 誠	〃
	松元隆平	〃

●1977 買物空間

順位	氏名	所属
1等	湯山康樹	早稲田大学
	小田恵介	〃
	南部 真	〃
2等	堀田一平	環境企画G
	藤井敏信	早稲田大学
	柳田良造	〃
	長谷川正充	〃
	松本靖男	〃
	井上赫郎	首都圏総合計画研究所
	工藤秀美	〃
	金田 弘	環境企画G
	川名俊郎	工学院大学
	林 俊司	〃
	渡辺 暁	〃
3等	菅原尚史	東北大学
	高坂憲治	〃
	千葉琢夫	〃
	森本 修	〃
	山田博人	〃
	長谷川章	早稲田大学
	細川博彰	工学院大学
	露木直己	日本大学
	大内宏友	〃
	永徳 学	〃
	高瀬正二	〃
	井上清春	工学院大学
	田中正裕	〃
	半貫正治	工学院大学

●1978 研修センター

順位	氏名	所属
1等	小石川正男	日本大学短期大学
	神波雅明	高岡建築事務所
	乙坂雅広	日本大学
	永池勝範	鈴喜建設設計
	篠原則夫	日本大学
	田中光義	〃
2等	水島 宏	熊谷組本社
	本田征四郎	〃
	藤吉 恭	〃
	桜井経温	〃
	木野隆信	〃
	若松久雄	鹿島建設
3等	武馬 博	ウシヤマ設計研究室
	持田満輔	芝浦工業大学
	丸田 睦	〃
	山本園子	〃
	小田切利栄	〃
	佐々木勤	〃
	田島 肇	〃
	飯島 宏	〃
	田島英夫	加藤アトリエ
	後藤伸一	前川國男建築設計事務所
	東原克行	〃
	田中隆吉	竹中工務店東京支店

●1979 児童館

順位	氏 名	所 属
1等	倉本卿介	フジタ工業
	福島節男	〃
	岸原芳人	〃
	杉山栄一	〃
	小泉直久	〃
	小久保茂雄	〃
2等	西沢鉄雄	早稲田大学専門学校
	青柳信子	〃
	秋田宏行	〃
	尾登正典	〃
	斎藤民樹	〃
	坂本俊一	〃
	新井一治	関西大学
	山本孝之	〃
	村田直人	〃
	早瀬英雄	〃
	芳村隆史	〃
3等	中園真人	九州大学
	川島豊	〃
	永松由教	〃
	入江謙吾	〃
	小吉泰彦	九州大学
	三橋徹	〃
	山越幸子	〃
	多田善昭	斉藤孝建築設計事務所
	溝口芳典	香川県観音寺土木事務所
	真鍋一伸	富士建設
	柳川恵子	斉藤孝建築設計事務所

●1980 地域の図書館

順位	氏 名	所 属
1等	三橋徹	九州大学
	吉田寛史	〃
	内村勉	〃
	井上誠	〃
	時政康司	〃
	山野善郎	〃
2等(1席)	若松久雄	鹿島建設
(2席)	塚ノ目栄寿	芝浦工業大学
	山下高二	〃
	山本園子	〃
3等(1席)	布袋洋一	芝浦工業大学
	船山信夫	〃
	栗田正光	〃
(2席)	森一彦	豊橋技術大学
	梶原雅也	〃
	高村誠人	〃
	市村弘	〃
	藤島和博	〃
	長村寛行	〃
(3席)	佐々木厚司	京都工芸繊維大学
	野口道男	〃
	西村正裕	〃

●1981 肢体不自由児のための養護学校

順位	氏 名	所 属
1等	野久尾尚志	地域計画設計
	田畑邦男	
2等(1席)	井上誠	九州大学
	磯野祥子	〃
	滝山作	〃
	時政康司	〃
	中村隆明	〃
	山野善郎	〃
	鈴木義弘	〃
(2席)	三川比佐人	清水建設
	黒田和彦	
	中島晋一	
	馬場弘一郎	
	三橋徹	
	吉田博	

順位	氏 名	所 属
3等(1席)	川元茂	九州大学
	郡明宏	〃
	永島潮	〃
	深野木信	〃
(2席)	畠山和幸	住友建設
(3席)	渡辺富雄	日本大学
	佐藤日出夫	〃
	中川龍吾	〃
	本間博之	〃
	馬場律也	〃

●1982 地場産業振興のための拠点施設

順位	氏 名	所 属
1等	城戸崎和佐	芝浦工業大学
	大崎関男	〃
	木村雅一	〃
	進藤憲治	〃
	宮本秀二	〃
2等	佐々木聡	東北大学
	小沢哲三	〃
	小坂高志	〃
	杉山丞	〃
	鈴木秀俊	〃
	三嶋志郎	〃
	山田真人	〃
	青木修一	工学院大学
3等	出田肇	創設計事務所
	大森正夫	京都工芸繊維大学
	黒田智子	〃
	原浩一	〃
	鷹村暢子	〃
	日高章	〃
	岸本和久	〃
	岡田明浩	〃
	深野木信	九州大学
	大津博幸	〃
	川崎光敏	〃
	川島浩孝	〃
	仲江肇	〃
	西洋一	〃

●1983 国際学生交流センター

順位	氏 名	所 属
1等	岸本広久	京都工芸繊維大学
	柴田厚	〃
	藤田泰広	〃
2等	吉岡栄一	芝浦工業大学
	佐々木和子	〃
	照沼博志	〃
	大野幹雄	〃
	糟谷浩史	京都工芸繊維大学
	鷹村暢子	〃
	原浩一	〃
3等	森田達志	工学院大学
	丸山正仁	工学院大学
	深野木信	九州大学
	川崎光敏	〃
	高須芳史	〃
	中村孝至	〃
	長嶋洋子	〃
	ウ・ラタン	〃

●1984 マイタウンの修景と再生

順位	氏 名	所 属
1等	山崎正史	京都大学助手
	浅川滋男	京都大学
	千葉道也	〃
	八木雅夫	〃
	リッタ・サラスティエ	〃
	金竜河	〃
	カテリナ・メグミ・ナバミネ	〃
	曽野泰行	〃
	若松準	〃
2等	宗平真澄	関西大学
	近宮健一	〃

順位	氏 名	所 属
	池田泰彦	九州芸術工科大学
	米永優子	〃
	塚原秀典	〃
	上田俊三	〃
	応地丘子	〃
	梶原美樹	〃
3等	大野泰史	鹿島建設
	伊藤吉和	千葉大学
	金秀吉	〃
	小林一雄	〃
	堀江隆	〃
	佐藤基一	〃
	須永浩邦	〃
	神尾幸伸	関西大学
	宮本昌彦	〃

●1985 商店街における地域のアゴラ

順位	氏 名	所 属
1等	元氏誠	京都工芸繊維大学
	新田晃尚	〃
	浜村哲朗	〃
2等	栗原忠一郎	連合設計栗原忠建築設計事務所
	大成二信	
	千葉道也	京都大学
	増井正哉	〃
	三浦英樹	〃
	カテリナ・メグミ・ナガミネ	〃
	岩松準	〃
	曽野泰行	〃
	金浩哲	〃
	太田潤	〃
	大守昌利	〃
	大倉克仁	〃
	加茂みどり	〃
	川村豊	〃
	黒木俊正	〃
	河本潔	〃
3等	藤沢伸佳	日本大学
	柳泰彦	〃
	林和樹	〃
	田崎祐生	京都大学
	川人洋志	〃
	川野博義	〃
	原哲也	〃
	八木康夫	〃
	和田淳	〃
	小谷邦夫	〃
	上田嘉之	〃
	小路直彦	関西大学
	家田知明	〃
	松井誠	〃

●1986 外国に建てる日本文化センター

順位	氏 名	所 属
1等	松本博樹	九州芸術工科大学
	近藤英夫	〃
2等(特別賞)	キャロリン・ディナス	オーストラリア
2等	宮宇地一彦	法政大学講師
	丸山茂生	早稲田大学
	山下英樹	〃
3等	グワウン・タン	オーストラリア
	アスコール・ピーターソンズ	
	高橋喜人	早稲田大学
	杉浦友哉	早稲田大学
	小林達也	日本大学
	小川克己	〃
	佐藤信治	〃

●1987 建築博物館

順位	氏 名	所 属
1等	中島道也	京都工芸繊維大学
	神津昌哉	〃
	丹羽喜裕	〃

順位	氏名	所属
	林 秀典	京都工芸繊維大学
	奥 佳弥	〃
	関井 徹	〃
	三島久範	〃
2等(1席)	吉田敏一	東京理科大学
(2席)	川北健雄	大阪大学
	村井 貢	〃
	岩田尚樹	〃
3等	工藤信啓	九州大学
	石井博文	〃
	吉田 勲	〃
	大坪真一郎	〃
	當間 卓	日本大学
	松岡辰郎	〃
	氏家 聡	〃
	松本博樹	九州芸術工科大学
	江島嘉祐	〃
	坂原裕樹	〃
	森 裕	〃
	渡辺美恵	〃

●1988 わが町のウォーターフロント

順位	氏名	所属
1等	新間英一	日本大学
	丹羽雄一	〃
	橋本樹宜	〃
	草薙茂雄	〃
	毛見 究	〃
2等(1席)	大内宏友	日本大学
	岩田明士	〃
	関根 智	〃
	原 直昭	〃
	村島聡乃	〃
(2席)	角田暁治	京都工芸繊維大学
3等	伊藤 泰	日本大学
	橋寺和子	関西大学
	居内章夫	〃
	奥村浩和	〃
	宮本昌彦	〃
	工藤信啓	九州大学
	石井博文	〃
	小林美和	〃
	松江健吾	〃
	森次 顕	〃
	石川恭温	〃

●1989 ふるさとの芸能空間

順位	氏名	所属
1等	湯淺篤哉	日本大学
	広川昭二	〃
2等(1席)	山岡哲哉	東京理科大学
(2席)	新間英一	日本大学
	長谷川晃三郎	〃
	岡里 潤	〃
	佐久間明	〃
	横尾愛子	〃
3等	直井 功	芝浦工業大学
	飯嶋 淳	〃
	松田葉子	〃
	浅見 清	〃
	清水健太郎	〃
	丹羽雄一	日本大学
	松原明生	京都工芸繊維大学

●1990 交流の場としてのわが駅わが駅前

順位	氏名	所属
1等	鎌田泰寛	室蘭工業大学
2等(1席)	若林伸吾	ゼブラクロス/環境計画研究機構
(2席)	植竹和弘	日本大学

順位	氏名	所属
	根岸延行	日本大学
	中西邦弘	〃
3等	飯田隆弘	日本大学
	山口哲也	〃
	佐藤教明	〃
	佐藤滋晃	〃
	本田昌明	京都工芸繊維大学
	加藤正浩	京都工芸繊維大学
	矢部達也	〃
第2部優秀作品	辺見昌克	東北工業大学
	重田真理子	日本大学
	小笠原滋之	日本大学
	岡本真吾	〃
	堂下 浩	〃
	曽根 奨	〃
	田中 剛	〃
	高倉朋文	〃
	富永隆弘	〃

●1991 都市の森

順位	氏名	所属
1等	北村順一	EARTH-CREW 空間工房
2等(1席)	山口哲也	日本大学
	河本憲一	〃
	広川雅樹	〃
	日下部仁志	〃
	伊藤康史	〃
	高橋武志	〃
(2席)	河合哲夫	京都工芸繊維大学
3等	吉田幸代	東京電機大学
	大勝義夫	東京電機大学
	小川政彦	〃
	有馬浩一	京都工芸繊維大学
第2部優秀作品	真崎英嗣	京都工芸繊維大学
	片桐岳志	日本大学
	豊川健太郎	神奈川大学

●1992 わが町のタウンカレッジをつくる

順位	氏名	所属
1等	増重雄治	広島大学
	平賀直樹	〃
	東 哲也	〃
2等	今泉 純	東京理科大学
	笠継 浩	九州芸術工科大学
	吉澤宏生	〃
	梅元建治	〃
	藤本弘子	〃
3等	大橋千枝子	早稲田大学
	永澤明彦	〃
	野嶋 徹	〃
	堀江由布子	〃
	水川ひろみ	〃
	葉 華	〃
	龍 治男	〃
	永井 牧	東京理科大学
	佐藤教明	日本大学
	木口英俊	〃
第2部優秀作品	田代拓未	早稲田大学
	細川直哉	早稲田大学
	南谷武志	豊橋技術科学大学
	植村龍治	〃
	鵜飼優美代	〃
	楊 迪鋼	〃
	品川ちとせ	〃

●1993 川のある風景

順位	氏名	所属
1等	堀田典裕	名古屋大学
	片木孝治	〃
2等	宇高雄志	豊橋技術科学大学
	新宅昭文	〃
	金田俊美	〃
	藤本統久	〃
	阪田弘一	大阪大学助手
	板谷善晃	大阪大学
	榎木靖倫	〃
3等	坂本龍宣	日本大学
	戸田正幸	〃
	西出慎吾	〃
	安田利宏	京都工芸繊維大学
	原 竜介	京都府立大学
第2部優秀作品	瀬木博重	東京理科大学
	平原英樹	東京理科大学
	岡崎光邦	日本文理大学
	岡崎泰和	〃
	米良裕二	〃
	脇坂隆治	〃
	池貝貴光	〃

●1994 21世紀の集住体

順位	氏名	所属
1等	尾崎敦俊	関西大学
2等	岩佐明彦	東京大学
	疋田誠二	神戸大学
	西端賢一	〃
	鈴木 賢	〃
3等	菅沼秀樹	北海道大学
	ビメンテル・フランシスコ	
	藤石真樹	九州大学
	唐崎祐一	〃
	安武敦子	九州大学
	柴田 健	〃
第2部優秀作品	太田光則	日本大学
	南部健太郎	〃
	岩間大輔	〃
	佐久間朗	〃
	桐島 徹	日本大学
	長澤秀徳	〃
	福井恵一	〃
	蓮池 崇	〃
	和久 豪	〃
	薩摩亮治	京都工芸繊維大学
	大西康伸	〃

●1995 テンポラリー・ハウジング

順位	氏名	所属
1等	柴田 建	九州大学
	上野恭子	〃
	Nermin Mohsen Elokla	
2等	津國博英	エムアイエー建築デザイン研究所
	鈴木秀雄	〃
	川上浩史	日本大学
	圓塚紀祐	〃
	村松哲志	〃
3等	伊藤秀明	工学院大学
	中井賀代	関西学院大学
	伊藤一未	〃
	内記英文	熊本大学
	早樋 努	〃
第2部優秀作品	崎田由紀	日本女子大学
	的場喜郎	日本大学
	横地哲哉	日本大学
	大川航洋	〃

順位	氏名	所属
	小越康乃	日本大学
	大野和之	〃
	清松寛史	〃

●1996 空間のリサイクル

順位	氏名	所属
1等	木下泰男	北海道造形デザイン専門学校講師
2等	大竹啓文	筑波大学
	松岡良樹	〃
	吉村紀一郎	豊橋技術科学大学
	江川竜之	〃
	太田一洋	〃
	佐藤裕子	〃
	増田成政	〃
3等	森雅章	京都工芸繊維大学
	上田佳奈	〃
	石川主税	名古屋大学
	中敦史	関西大学
	中島健太郎	〃
第2部優秀作品	徳田光弘	九州芸術工科大学
	浅見苗子	東洋大学
	池田さやか	〃
	内藤愛子	〃
	藤ヶ谷えり子	香川職業能力開発短期大学校
	久永康子	〃
	福井由香	〃

●1997 21世紀の『学校』

順位	氏名	所属
1等	三浦慎	フリー
	林太郎	東京藝術大学
	千野晴己	〃
2等	村松保洋	日本大学
	渡辺泰夫	〃
	森園知弘	九州大学
	市丸俊一	〃
3等	豊川斎赫	東京大学
	坂牧由美子	〃
	横田直子	熊本大学
	高橋将幸	〃
	中野純子	〃
	松本仁	〃
	富永誠一	〃
	井上貴明	〃
	岡田信男	〃
	李燦強	〃
	藤本美由紀	〃
	澤村要	〃
	浜田智紀	〃
	宮崎剛哲	〃
	風間奈津子	〃
	今村正則	〃
	中村伸二	〃
	山下剛	鹿児島大学
第2部優秀作品	間下奈津子	早稲田大学
	瀬戸健似	日本大学
	土屋誠	〃
	遠藤誠	〃
	渋川隆	東京理科大学

●1998 『市場』をつくる

順位	氏名	所属
最優秀賞	宇野勇治	名古屋工業大学
	三好光行	〃
	眞中正司	日建設計
優秀賞	筧雄平	東北大学
	村口玄	〃
	福島理恵	早稲田大学
	齋藤篤史	京都工芸繊維大学
	東尾勝則	近畿大学

順位	氏名	所属
タジマ奨励賞	山口雄治	東洋大学
	坂巻哲	〃
	齋藤真紀	早稲田大学専門学校
	浅野早苗	〃
	松本亜矢	〃
	根岸広人	早稲田大学専門学校
	石井友子	〃
	小池益代	〃
	原山賢	信州大学
	齋藤み穂	関西大学
	竹森紘臣	〃
	井川清	関西大学
	葉山純士	〃
	前田利幸	〃
	前村直紀	〃
	横山敦一	大阪大学
	青山祐子	〃
	倉橋尉仁	〃

●1999 住み続けられる "まち" の再生

順位	氏名	所属
最優秀賞 タジマ奨励賞	多田正治	大阪大学
	南野好司	〃
	大浦寛登	〃
優秀賞	北澤猛	東京大学
	遠藤新	〃
	市原富士夫	〃
	今村洋一	〃
	野原卓	〃
	今川俊一	〃
	栗原謙樹	〃
	田中健介	〃
	中島直人	〃
	三牧浩也	〃
	荒俣桂子	〃
	中楯哲史	法政大学
	安食公治	〃
	岡本欣士	〃
	熊崎敦史	〃
	西牟田奈々	〃
	白川在	〃
	増見収太	〃
	森島則文	フジタ
	堀田忠義	〃
	天満智子	〃
	松島啓之	神戸大学
	大村俊一	大阪大学
	生川慶一郎	〃
	横田郁	〃
タジマ奨励賞	開歩	東北工業大学
	鳥山暁子	東京理科大学
	伊藤教司	東京理科大学
	石冨達郎	金沢大学
	北野清晃	〃
	鈴木秀典	〃
	大谷瑞絵	〃
	青木宏之	和歌山大学
	伊佐治克哉	〃
	島田聖	〃
	高井美樹	〃
	濱上千香子	〃
	平林嘉泰	〃
	藤本玲子	〃
	松川真之介	〃
	向井啓晃	〃
	山崎和義	〃
	岩岡大輔	〃
	徳宮えりか	〃
	菊野恵	〃
	中瀬由子	〃
	山田細香	〃

順位	氏名	所属
	今井敦士	摂南大学
	東雅人	〃
	櫛部友士	〃
	奥野洋平	近畿大学
	松本幸治	〃
	中野百合	日本文理大学
	日下部真一	〃
	下地大樹	〃
	大前弥佐子	〃
	小沢博克	〃
	具志堅元一	〃
	三浦琢哉	〃
	濱村諭志	〃

●2000 新世紀の田園居住

順位	氏名	所属
最優秀賞	山本泰裕	神戸大学
	吉池寿顕	〃
	牛戸陽治	〃
	本田互	フリー
	村上明	九州大学
優秀賞	藤原徹平	横浜国立大学
	高橋元氣	フリー
	畑中久美子	神戸芸術工科大学
	齋藤篤史	竹中工務店
	富田祐一	アール・アイ・エー大阪支社
	嶋田泰子	竹中工務店
タジマ奨励賞	張替那麻	東京理科大学
	平本督太郎	慶應義塾大学
	加曽利千草	〃
	田中真美子	〃
	三上哲哉	〃
	三島由樹	〃
	花井奏達	大同工業大学
	新田一真	金沢工業大学
	新藤太一	〃
	日野直人	〃
	早見洋平	信州大学
	岡部敏明	日本大学
	青山純	〃
	斉藤洋平	〃
	秦野浩司	〃
	木村輝之	〃
	重松研二	〃
	岡田俊博	〃
	森田絢子	明石工業高等専門学校
	木村恭子	〃
	永尾達也	〃
	延東治	明石工業高等専門学校
	松森一行	〃
	田中雄一郎	高知工科大学
	三木結花	〃
	横山藍	〃
	石田計志	〃
	松本康夫	〃
	大久保圭	〃

●2001 子ども居場所

順位	氏名	所属
最優秀賞	森雄一	神戸大学
	祖田篤輝	〃
	碓井亮	〃
優秀賞	小地沢将之	東北大学
	中塚祐一郎	〃
	浅野久美子	〃
(タジマ奨励賞)	山本幸恵	早稲田大学芸術学校
	太刀川寿子	〃
	横井祐子	〃
	片岡照博	工学院大学・早稲田大学芸術学校
	深澤たけ美	豊橋技術科学大学
	森川勇己	〃

<table>
<tr><th>順位</th><th>氏名</th><th>所属</th></tr>
<tr><td></td><td>武部康博
安藤　剛</td><td>豊橋技術科学大学</td></tr>
<tr><td></td><td>石田計志
松本康夫</td><td>高知工科大学</td></tr>
<tr><td>タジマ奨励賞</td><td>増田忠史
高尾研也
小林恵吾
蜂谷伸治</td><td>早稲田大学</td></tr>
<tr><td></td><td>大木　圭</td><td>東京理科大学</td></tr>
<tr><td></td><td>本間行人</td><td>東京理科大学</td></tr>
<tr><td></td><td>山田直樹
秋山　貴
直井宏樹
山崎裕子
湯浅信二</td><td>日本大学</td></tr>
<tr><td></td><td>北野雅士
赤松耕太
梅田由佳</td><td>豊橋技術科学大学</td></tr>
<tr><td></td><td>坂口　祐
稲葉佳之
石井綾子
金子晃子</td><td>慶應義塾大学</td></tr>
<tr><td></td><td>森田絢子
木村恭子</td><td>明石工業高等専門学校</td></tr>
<tr><td></td><td>永尾達也</td><td>東京大学</td></tr>
<tr><td></td><td>山名健介
安井裕之
平田友隆
西元咲子
豊田憲洋
宗村卓季
密山　弘
片岡　聖
今村かおり</td><td>広島工業大学</td></tr>
<tr><td></td><td>大城幸恵
水上浩一
米倉大喜
石峰顕道
安藤美代子
横田竜平</td><td>九州職業能力開発大学校</td></tr>
</table>

●2002　外国人と暮らすまち

<table>
<tr><td>最優秀賞</td><td>竹内堅一
高山　久
依田　崇
宮野隆行</td><td>芝浦工業大学</td></tr>
<tr><td></td><td>河野友紀
佐藤菜採
高山武士
都築　元</td><td>広島大学</td></tr>
<tr><td></td><td>安井裕之
久安邦明
横川貴史</td><td>広島工業大学</td></tr>
<tr><td>優秀賞</td><td>三谷健太郎</td><td>東京理科大学</td></tr>
<tr><td></td><td>田中信也</td><td>千葉大学</td></tr>
<tr><td></td><td>穂積雄平</td><td>東京理科大学</td></tr>
<tr><td></td><td>山本　学</td><td>神奈川大学</td></tr>
<tr><td>(タジマ奨励賞)</td><td>水上浩一
吉岡雄一郎
西村　恵
大脇淳一
古川晋作
川崎美紀子
安藤美代子
米倉大喜</td><td>九州職業能力開発大学校</td></tr>
<tr><td>タジマ奨励賞</td><td>TEOH CHEE SIANG</td><td>千葉大学</td></tr>
<tr><td></td><td>岩崎真志
中西　功
長田剛和</td><td>豊橋技術科学大学</td></tr>
<tr><td></td><td>三原直也</td><td>京都工芸繊維大学</td></tr>
</table>

<table>
<tr><th>順位</th><th>氏名</th><th>所属</th></tr>
<tr><td></td><td>安藤美代子
桑山京子
井原堅一
井上　歩
米倉大喜
水上浩一</td><td>九州職業能力開発大学校</td></tr>
<tr><td></td><td>矢橋　徹</td><td>日本文理大学</td></tr>
</table>

●2003　みち

<table>
<tr><td>最優秀賞
島本源徳賞</td><td>山田智彦
加藤大志
陶守奈津子
末廣倫子
中野　薫
鈴木葉子
廣瀬哲史
北澤有里</td><td>千葉大学</td></tr>
<tr><td>最優秀賞
(タジマ奨励賞)</td><td>宮崎明子
溝口省吾
細山真治</td><td>東京理科大学</td></tr>
<tr><td></td><td>横川貴史
久安邦明
安井裕之</td><td>広島工業大学</td></tr>
<tr><td>優秀賞</td><td>市川尚紀
石井　亮
石川雄一
中込英樹</td><td>東京理科大学</td></tr>
<tr><td></td><td>表　尚玄
今井　朗
河合美保
今村　顕
加藤悠介
井上昌子
西脇智子
宮谷いずみ
稲垣大志
酢田祐子</td><td>大阪市立大学</td></tr>
<tr><td>(タジマ奨励賞)</td><td>松川洋輔
嵯峨彰仁
川野伸寿
持留啓徳
国頭正章
雑賀貴志</td><td>日本文理大学</td></tr>
<tr><td>タジマ奨励賞</td><td>中井達也
桑原悠樹
尾杉友浩
西澤嘉一
田中美帆</td><td>大阪大学</td></tr>
<tr><td></td><td>森川真嗣</td><td>国立明石工業高等専門学校</td></tr>
<tr><td></td><td>加藤哲史
佐々岡由訓
松岡由子
長池正純</td><td>広島大学</td></tr>
<tr><td></td><td>内田哲広
久留原明
松本幸一
割方文子</td><td>広島大学</td></tr>
<tr><td></td><td>宮内聡明
大西達郎
嶋田孝頼
野見山雄太
田村文乃</td><td>日本文理大学</td></tr>
<tr><td></td><td>松浦　琢</td><td>九州芸術工科大学</td></tr>
<tr><td></td><td>前田圭子
奥薗加奈子
西田朋美</td><td>国立有明工業高等専門学校</td></tr>
<tr><td></td><td>田中隆志
古川晋作
保永勝重
田端孝蔵
吉岡雄一郎
井原堅一
大脇淳一</td><td>九州職業能力開発大学校</td></tr>
</table>

●2004　建築の転生・都市の再生

<table>
<tr><th>順位</th><th>氏名</th><th>所属</th></tr>
<tr><td>最優秀賞
島本源徳賞
(タジマ奨励賞)</td><td>遠藤和郎</td><td>東北工業大学</td></tr>
<tr><td>最優秀賞
島本源徳賞</td><td>紅林佳代
柳瀬英江
牧田浩二</td><td>日本大学</td></tr>
<tr><td>最優秀賞</td><td>和久倫也
小川　仁
齋藤茂樹
鈴木啓之</td><td>東京都立大学</td></tr>
<tr><td>優秀賞</td><td>本間行人</td><td>横浜国立大学</td></tr>
<tr><td></td><td>齋藤洋平
小菅俊太郎
藤原　稔</td><td>大成建設</td></tr>
<tr><td>タジマ奨励賞</td><td>平田啓介
椎木空海
柳沢健人
塚本　文</td><td>慶應義塾大学</td></tr>
<tr><td></td><td>佐藤桂火</td><td>東京大学</td></tr>
<tr><td></td><td>白倉　将</td><td>京都工芸繊維大学</td></tr>
<tr><td></td><td>山田道子
舩橋耕太郎</td><td>大阪市立大学</td></tr>
<tr><td></td><td>堀野　敏
田部兼三
酒井雅男</td><td>大阪市立大学</td></tr>
<tr><td></td><td>山下剛史
下田康晴
西川佳香</td><td>広島大学</td></tr>
<tr><td></td><td>田村隆志
中村公亮
茅根一貴
水内英允</td><td>日本文理大学</td></tr>
<tr><td></td><td>難波友亮
西垣智哉</td><td>鹿児島大学</td></tr>
<tr><td></td><td>小佐見友子
瀬戸口晴美</td><td>鹿児島大学</td></tr>
</table>

●2005　風景の構想—建築をとおしての場所の発見—

<table>
<tr><td>最優秀賞
島本源徳賞</td><td>中西正佳
佐賀淳一</td><td>京都大学</td></tr>
<tr><td></td><td>松田拓郎</td><td>北海道大学</td></tr>
<tr><td>優秀賞</td><td>石川典貴
川勝崇道</td><td>京都工芸繊維大学</td></tr>
<tr><td></td><td>森　隆</td><td>芝浦工業大学</td></tr>
<tr><td></td><td>廣瀬　悠
加藤直史
水谷好美</td><td>立命館大学</td></tr>
<tr><td>(タジマ奨励賞)</td><td>吉村　聡</td><td>神戸大学</td></tr>
<tr><td>(タジマ奨励賞)</td><td>木下皓一郎
菊池　聡
佐藤公信</td><td>熊本大学</td></tr>
<tr><td>タジマ奨励賞</td><td>渡邉幹夫
伊禮竜馬
中野晋治</td><td>日本文理大学</td></tr>
<tr><td></td><td>近藤　充</td><td>東北工業大学</td></tr>
<tr><td></td><td>賞雅裕和
田島　誠
重堂英仁</td><td>日本大学</td></tr>
<tr><td></td><td>濱崎梨沙
中村直人
王　東揚</td><td>鹿児島大学</td></tr>
</table>

●2006　近代産業遺産を生かしたブラウンフィールドの再生

<table>
<tr><td>最優秀賞
島本源徳賞</td><td>新宅　健
三好宏史
山下　敦</td><td>山口大学</td></tr>
</table>

（　）はタジマ奨励賞と重賞

Column 1

順位	氏名	所属
優秀賞	中野茂夫	筑波大学
	不破正仁	〃
	市原拓	〃
	小山雄資	〃
	神田伸正	〃
	臂徹	〃
	堀江晋一	大成建設
	関山泰忠	〃
	土屋尚人	〃
	中野弥	〃
	伊原慶	〃
	出口亮	〃
	萩原崇史	千葉大学
	佐本雅弘	〃
	真泉洋介	〃
	平山善雄	九州大学
	安部英輝	〃
	馬場大輔	〃
	疋田美紀	〃
タジマ奨励賞	広田直樹	関西大学
	伏見将彦	〃
	牧奈歩	明石工業高等専門学校
	国居郁子	〃
	井上亮太	〃
	三崎恵理	関西大学
	小島彩	〃
	伊藤裕也	広島大学
	江口字雄	〃
	岡島由賀	〃
	鈴木聖明	近畿大学
	高田耕平	〃
	田原康啓	〃
	戎野朗生	広島大学
	豊田章雄	〃
	山根俊輔	〃
	森智之	〃
	石川陽一郎	〃
	田尻昭久	崇城大学
	長家正典	〃
	久冨太一	〃
	皆川和朗	日本大学
	古賀利郎	〃
	髙田郁	大阪市立大学
	黒木悠真	〃
	桜間万里子	〃

●2007　人口減少時代のマイタウンの再生

順位	氏名	所属
最優秀賞 島本源徳賞	牟田隆一	九州大学
	吉良直子	〃
	多田麻梨子	〃
	原田慧	〃
最優秀賞	井村英之	東海大学
	杉和也	〃
	松浦加奈	〃
	多賀麻衣子	和歌山大学
	北山めぐみ	〃
	木村秀男	〃
	宮原崇	〃
	本塚智貴	〃
優秀賞	辻大起	日本大学
	長岡俊介	〃
	村瀬慶征	神戸大学
	堀浩人	〃
	船橋謙太郎	〃
(タジマ奨励賞)	隈部俊輔	広島大学
	中尾洋明	〃
	高平茂輝	〃
	塚田浩介	〃
	重廣亨	〃
	益原実礼	〃

Column 2

順位	氏名	所属
タジマ奨励賞	田附遼	東京工業大学
	村松健児	〃
	上條慎司	〃
	三好絢子	広島工業大学
	龍野裕平	〃
	森田淳	〃
	宇根明日香	近畿大学
	櫻井美由紀	〃
	松野藍	〃
	柳川雄太	近畿大学
	山本恭平	〃
	城納剛	〃
	関谷有希	近畿大学
	三浦亮	〃
	古田靖幸	近畿大学
	西村知香	〃
	川上裕司	〃
	古田真史	広島大学
	渡辺晴香	〃
	萩野亮	〃
	富山晃一	鹿児島大学
	岩元俊輔	〃
	阿相和成	〃
	林川祥子	日本文理大学
	植田祐加	〃
	大熊夏代	〃
	生野大輔	〃
	霤田和樹	〃

●2008　記憶の器

順位	氏名	所属
最優秀賞	矢野佑一	大分大学
	山下博廉	〃
	河津恭平	〃
	志水昭太	〃
	山本展久	〃
	赤木建一	九州大学
	山﨑貴幸	〃
	中村翔悟	〃
	井上裕子	〃
優秀賞 (タジマ奨励賞)	板谷慎	日本大学
	永田貴祐	〃
	黒木悠真	大阪市立大学
	坪井祐太	山口大学
	松本誉	〃
	花岡芳徳	広島工業大学
	児玉亮太	〃
(タジマ奨励賞)	中川聡一郎	九州大学
	樋口翔	〃
	森田翔	〃
	森脇亜津子	〃
タジマ奨励賞	河野恵	広島大学
	百武恭司	〃
	大高美乃里	〃
	千葉美幸	京都大学
	國居郁子	明石工業高等専門学校
	福本遼	〃
	水谷昌稔	〃
	成松仁志	近畿大学
	松田尚子	〃
	安田浩子	〃
	平町好江	近畿大学
	安藤美有紀	〃
	中田庸介	〃
	山口和紀	近畿大学
	岡本麻希	〃
	高橋磨有美	〃
	上村浩貴	高知工科大学
	富田海友	東海大学

Column 3

●2009年　アーバン・フィジックスの構想

順位	氏名	所属
最優秀賞	木村敬義	前橋工科大学
	武曽雅嗣	〃
	外崎晃洋	〃
	河野直	京都大学
	藤田桃子	〃
優秀賞	石毛貴人	千葉大学
	生出健太郎	〃
	笹井夕莉	〃
	江澤現之	山口大学
	小崎太士	〃
	岩井敦郎	〃
(タジマ奨励賞)	川島卓	高知工科大学
タジマ奨励賞	小原希望	東北工業大学
	佐藤えりか	〃
	奥原弘平	日本大学
	三代川剛久	〃
	松浦眞也	〃
	坂本大輔	広島工業大学
	上田寛之	〃
	濱本拓幸	〃
	寺本健	高知工科大学
	永尾彩	北九州市立大学
	濱本拓磨	〃
	山田健太朗	〃
	長谷川伸	九州大学
	池田亘	〃
	石神絵里奈	〃
	瓜生宏輝	〃

●2010　大きな自然に呼応する建築

順位	氏名	所属
最優秀賞	後藤充裕	宮城大学
	岩城和昭	〃
	佐々木詩織	〃
	山口喬久	〃
	山田祥平	〃
	鈴木高敏	工学院大学
	坂本達典	〃
	秋野崇大	愛知工業大学
	谷口桃子	〃
	宮口晃	愛知工業大学研究生
優秀賞	遠山義雅	横浜国立大学
	入口佳勝	広島工業大学
	指原豊	浦野設計
	神谷悠実	三重大学
	前田太志	三重大学
	横山宗宏	広島工業大学
	遠藤創一朗	山口大学
	木下知	〃
	曽田龍士	〃
(タジマ奨励賞)	笹田侑志	九州大学
タジマ奨励賞	真田匠	九州工業大学
	戸井達弥	前橋工科大学
	渡邉宏道	〃
	安藤祐介	九州大学
	木村愛実	広島大学
	後藤雅和	岡山理科大学
	小林規矩也	〃
	枇榔博史	〃
	中村宗樹	〃
	江口克成	佐賀大学
	泉竜斗	〃
	上村恵里	〃
	大塚一翼	〃

順位 | 氏名 | 所属

順位	氏名	所属
	今林寛晃	福岡大学
	井田真広	〃
	筒井麻子	〃
	柴田陽平	〃
	山中理沙	〃
	宮崎由佳子	〃
	坂口織	〃
	Baudry Margaux Laurene	九州大学
	濱谷洋次	九州大学

●2011　時を編む建築

順位	氏名	所属
最優秀賞	坂爪佑丞　西川日満里	横浜国立大学
	入江奈津子　佐藤美奈子　大屋綾乃	九州大学
優秀賞	小林陽　アマングリトゥリソン　井上美咲　前畑薫　山田飛鳥　堀光瑠	東京電機大学
	齋藤慶和　石川慎也　仁賀木はるな　奥野浩平	大阪工業大学
	坂本大輔	広島工業大学
	西亀和也　山下浩祐　和田雅人	九州大学
佳作（タジマ奨励賞）	高橋拓海　西村健宏	東北工業大学
	木村智行　伊藤恒輝　平野有良	首都大学東京
	佐長秀一　大塚健介　曽根田恵	東海大学
	澁谷年子	慶應義塾大学
（タジマ奨励賞）	山本葵	大阪大学
	松瀬秀隆　阪口裕也　大谷友人	大阪工業大学
タジマ奨励賞	金司寛　田中達朗	東京理科大学
	山根大知　井上亮　有馬健一郎　西岡真穂　朝井彩加　小草未希子　柳原絵里子　片岡恵理子　三谷佳奈子	島根大学
	松村紫舞　鶴崎翔太　西村唯子	広島大学
	山本真司　佐藤真美　石川佳奈	近畿大学
	塩川正人　植木優行　水下竜也　中尾恭子	近畿大学
	木村龍之介　隣真理子　吉田枝里	熊本大学

順位 | 氏名 | 所属

順位	氏名	所属
	熊井順一	九州大学
	菊野慧　岩田奈々	鹿児島大学

●2012　あたりまえのまち／かけがえのないもの

順位	氏名	所属
最優秀賞	神田謙匠　吉田知剛	金沢工業大学
	坂本和哉　坂口文彦　中尾礼太	関西大学
	元木智也　原宏佑	京都工芸繊維大学
優秀賞	大谷広司　諸橋俊　上田一樹　殷玥	千葉大学
	辻村修太郎　吉田祐介	関西大学
	山根大知　酒井直哉　稲垣伸彦　宮崎照	島根大学
佳作	平林瞳　水野貴之	横浜国立大学
（タジマ奨励賞）	石川睦　伊藤哲也　江間亜弥　大山真司　羽場健人　山田健登　丹羽一将　船橋成明　服部佳那子	愛知工業大学
	高橋良至　殷小文　岩田翔　二村緋菜子	神戸大学
	梶並直貴　植田裕基　田村彰浩	山口大学
（タジマ奨励賞）	田中伸明　有谷友孝　山田康助	熊本大学
（タジマ奨励賞）	江渕翔　田川理香子	九州産業大学
タジマ奨励賞	吉田智大	前橋工科大学
	鈴木翔麻	名古屋工業大学
	齋藤俊太郎　岩田はるな　鈴木千裕	豊田工業高等専門学校
	野正達也　榎並拓哉　溝口憂樹　神野翔	西日本工業大学
	冨木幹大　土肥準也　関恭太	鹿児島大学
	原田爽一朗	九州産業大学
	栂井寛子　西山雄大　徳永孝平　山田泰輝	九州大学

●2013　新しい建築は境界を乗り越えようとするところに現象する

順位	氏名	所属
最優秀賞	金沢将　奥田晃大	東京理科大学
	山内翔太	神戸大学

順位 | 氏名 | 所属

順位	氏名	所属
優秀賞	丹下幸太	日本大学
	片山豪	筑波大学
	高松達弥	法政大学
	細川良太	工学院大学
	伯耆原洋太　石井義章　塩塚勇二郎	早稲田大学
	徳永悠希　小林大祐　李海寧	神戸大学
佳作	渡邊光太郎　下田奈祐	東海大学
	竹中祐人　伊藤彩　今井沙耶　弓削一平	千葉大学
	門田晃明　川辺隼　近藤拓也	関西大学
（タジマ奨励賞）	手銭光明　青戸貞治　羽藤文人	近畿大学
	香武秀和　井上天平　福本拓馬	熊本大学
	白濱有紀　有谷友孝　中園はるか	熊本大学
	徳永孝平　赤田心太	九州大学
タジマ奨励賞	島崎翔　浅野康成　大平晃司　髙田汐莉	日本大学
	鈴木あいね　守屋佳代	日本女子大学
	安藤彰悟	愛知工業大学
	廣澤克典	名古屋工業大学
	川上咲久也　村越万里子	日本女子大学
	関里佳人　坪井文武　李翠婷	日本大学
	阿師村珠実　猪飼さやか　加藤優思　田中隆一朗　細田真衣　牧野俊弥　松本彩伽　三井杏久里　宮城喬平　渡邉裕二	愛知工業大学
	西村里美　河井良介　野田佳和　平尾一真　吉田剣	崇城大学
	野口雄太　奥田祐大	九州大学

●2014　建築のいのち

順位	氏名	所属
最優秀賞	野原麻由	信州大学
優秀賞	杣川真美　末次猶輝　高橋勇人　宮崎智史	千葉大学
（タジマ奨励賞）	泊裕太郎	西日本工業大学

（　）はタジマ奨励賞と重賞

順位	氏 名	所 属
	野田佳和	崇城大学
	浦川祐一	〃
	江上史恭	〃
	江嶋大輔	〃
佳作	金尾正太郎	東北大学
	向山佳穂	〃
	猪俣 馨	東京理科大学
	岡武和規	〃
	竹之下賞子	千葉大学
	小林尭礼	〃
	齋藤 弦	〃
	松下和輝	関西大学
	黄 亦謙	〃
	奥山裕貴	〃
	HUBOVA TATIANA	関西大学院外研究生
	佐藤洋平	早稲田大学
	川口祥茄	広島工業大学
	手銭光明	近畿大学
	青戸貞治	〃
	板東孝太郎	〃
	吉田優子	九州大学
	李 春炫	〃
	土井彰人	〃
	根谷拓志	〃
	髙橋 卓	東京理科大学
	辻佳菜子	〃
	関根卓哉	〃
タジマ奨励賞	畑中克哉	京都建築大学
	白旗勇太	日本大学
	上田将人	〃
	岡田 遼	〃
	宍倉百合奈	〃
	松本寛司	前橋工科大学
	中村沙樹子	日本女子大学
	後藤あづさ	〃
	鳥山佑太	愛知工業大学
	出向 壮	〃
	川村昂大	高知工科大学
	杉山雄一郎	熊本大学
	佐々木翔多	〃
	高尾亜利沙	〃
	鈴木龍一	熊本大学
	宮本薫平	〃
	吉海雄大	〃

●2015 もう一つのまち・もう一つの建築

順位	氏 名	所 属
最優秀賞	小野竜也	名古屋大学
	蒲健太朗	〃
	服部奨馬	〃
	奥野智士	関西大学
	寺田桃子	〃
	中野圭介	〃
優秀賞（タジマ奨励賞）	村山大騎	愛知工業大学
	平井創一朗	〃
（タジマ奨励賞）	相見良樹	大阪工業大学
	相川美波	〃
	足立和人	〃
	磯崎祥吾	〃
	木原真慧	〃
	中山敦仁	〃
	廣田貴之	〃
	藤井彬人	〃
	藤岡宗杜	〃
	中馬啓太	関西大学
	銅田匠馬	〃
	山中 晃	〃

順位	氏 名	所 属
	市川雅也	立命館大学
	廣田竜介	〃
	松﨑篤洋	〃
佳作	市川雅也	立命館大学
	寺田 穂	〃
	宮垣知武	慶應義塾大学
（タジマ奨励賞）	河口名月	愛知工業大学
	大島泉奈	〃
	沖野琴音	〃
	鈴木来未	〃
	大村公亮	信州大学
	藤江眞美	愛知工業大学
	後藤由子	〃
（タジマ奨励賞）	片岡 諒	摂南大学
	岡田大洋	〃
	妹尾さくら	〃
	長野公輔	〃
	藤原俊也	〃
タジマ奨励賞	直井美の里	愛知工業大学
	三井崇司	〃
	上東寿樹	広島工業大学
	赤岸一成	〃
	林 聖人	〃
	平田祐太郎	〃
	西村慎哉	広島工業大学
	岡田直果	〃
	阪口雄大	〃
	武谷 創	九州大学

●2016 残余空間に発見する建築

順位	氏 名	所 属
最優秀賞	奥田祐大	横浜国立大学
	白鳥恵理	〃
	中田寛人	〃
優秀賞	後藤由子	愛知工業大学
	長谷川敦哉	〃
	廣田竜介	立命館大学
佳作	前田直哉	早稲田大学
	髙瀬 修	〃
	田中雄大	東京大学
	柳沢伸也	やなぎさわ建築設計室
	道ノ本健大	法政大学
	北村 将	名古屋大学
	藤枝大樹	〃
	市川綾音	〃
	大村公亮	信州大学
	出田麻子	〃
	上田彬央	〃
	倉本義己	関西大学
	中山絵理奈	〃
	村上真央	〃
	伊達一穂	東京藝術大学
	市場靖崇	近畿大学
	藤井隆道	〃
	森 知史	東京理科大学
	山口薫平	〃
	高橋豪志郎	九州大学
	北村晃一	〃
	野嶋淳平	〃
	村田晃一	〃
タジマ奨励賞	宮嶋悠輔	日本大学
	門口稚奈	〃
	谷 醒龍	〃
	濱嶋杜人	〃
	久崎雅隆	日本大学
	竹田来任	〃
	松枝 朝	〃

順位	氏 名	所 属
	福住 陸	日本大学
	郡司育己	〃
	山崎令奈	〃
	西尾勇輝	日本大学
	大塚謙太郎	〃
	杉原広起	〃
	伊藤啓人	愛知工業大学
	大山兼五	〃
	木尾卓矢	愛知工業大学
	有賀健造	〃
	杉山敦美	〃
	小林竜一	〃
	山本雄一	豊田工業高等専門学校
	西垣佑哉	〃
	田上瑛莉香	近畿大学
	實光周作	〃
	流 慶斗	〃
	蓑原梨里花	近畿大学
	井上由理佳	〃
	末吉真也	〃
	野田崇子	〃
	本山翔伍	鹿児島大学
	北之園裕子	〃
	倉岡進吾	〃
	佐々木麻結	〃
	松田寛敬	〃

●2017 地域の素材から立ち現れる建築

順位	氏 名	所 属
最優秀賞	竹田幸介	名古屋工業大学
	永井拓生	滋賀県立大学
	浅井翔平	〃
	芦澤竜一	〃
	中村 優	〃
	堀江健太	〃
優秀賞	中津川銀司	新潟大学
	前田智洋	九州大学
	外薗寿樹	〃
	山中雄登	〃
	山本恵里佳	〃
佳作（タジマ奨励賞）	原 大介	札幌市立大学
	片岡裕貴	名古屋大学
	小倉畑昂祐	〃
	熊谷僚馬	〃
	樋口圭太	〃
	浅井漱太	愛知工業大学
	伊藤啓人	〃
	嶋田貴仁	〃
	見野綾子	〃
（タジマ奨励賞）	中村圭佑	日本大学
	赤堀厚史	〃
	加藤柚衣	〃
	佐藤未来	〃
	小島尚久	神戸大学
	鈴木彩伽	〃
	東 美弦	〃
	川添浩輝	神戸大学
	大崎真幸	〃
	岡 実侑	〃
	加藤駿吾	〃
	中川栞里	〃
	鈴木亜生	ARAY Architecture
タジマ奨励賞	金井里佳	九州大学
	大塚将貴	〃
	木村優介	愛知工業大学
	高山健太郎	〃
	田口 愛	〃
	宮澤優夫	〃
	脇田優奈	〃

順位	氏名	所属
	小室昂久	日本大学
	上山友理佳	〃
	北澤一樹	〃
	清水康之介	〃
	明庭久留実	豊橋技術科学大学
	菊地留花	〃
	中川直樹	〃
	中川姫華	〃
	玉井佑典	広島工業大学
	川岡聖夏	〃
	竹國亮太	近畿大学
	大村絵理子	〃
	土居脇麻衣	〃
	直永亮明	〃
	朴裕理	熊本大学
	福田和生	〃
	福留愛	〃
	坂本磨美	熊本大学
	荒巻充貴紘	〃

●2018 住宅に住む、そしてそこで稼ぐ

順位	氏名	所属
最優秀賞 (タジマ奨励賞)	駒田浩基	愛知工業大学
	岩崎秋太郎	〃
	崎原利公	〃
	杉本秀斗	〃
優秀賞	東條一智	千葉大学
	大谷拓嗣	〃
	木下慧次郎	〃
	栗田陽介	〃
(タジマ奨励賞)	松本樹	愛知工業大学
	久保井愛実	〃
	平光純子	〃
	横山愛理	〃
	堀裕貴	関西大学
	冀晶晶	〃
	新開夏織	〃
	浜田千種	〃
	高川直人	九州大学
	鶴田敬祐	〃
	樋口豪	〃
	水野敬之	〃
佳作	宮岡喜和子	東京電機大学
	岩波宏佳	〃
	鈴木ひかり	〃
	田邉伶夢	〃
	藤原卓巳	〃
	田口愛	愛知工業大学
	木村優介	〃
	宮澤優夫	〃
(タジマ奨励賞)	中家優	愛知工業大学
	打田彩季枝	〃
	七ツ村希	〃
	奈良結衣	〃
	藤田宏太郎	大阪工業大学
	青木雅子	〃
	川島裕弘	〃
	国本晃裕	〃
	福西直貴	〃
	水上智好	〃
	山本博史	〃
	朝永詩織	大阪工業大学
	石野隼丸	〃
	栢木俊樹	〃
	川合俊樹	〃
	橋本遼馬	〃
	福田翔万	〃
	福本純也	〃

順位	氏名	所属
(タジマ奨励賞)	浅井漱太	愛知工業大学
	伊藤啓人	〃
	川瀬清賀	〃
	見野綾子	〃
	中村勇太	愛知工業大学
	白木美優	〃
	鈴木里菜	〃
	中城裕太郎	〃
タジマ奨励賞	吉田鷹介	東北工業大学
	佐藤佑樹	〃
	瀬戸研太郎	〃
	七尾哲平	〃
	大方利希也	明治大学
	岩城絢央	日本女子大学
	小林春香	〃
	工藤浩平	東京都市大学
	渡邉健太郎	日本大学
	小山佳織	〃
	松村貴輝	熊本大学

●2019 ダンチを再考する

順位	氏名	所属
最優秀賞	中山真由美	名古屋工業大学
	大西琴子	神戸大学
	郭宏阳	〃
	宅野蒼生	〃
優秀賞	吉田智裕	東京理科大学
	倉持翔太	〃
	高橋駿太	〃
	長谷川千眞	〃
	髙橋朋	日本大学
	鈴木俊策	〃
	増野亜美	〃
	渡邉健太郎	〃
	中倉俊	神戸大学
	植田実香	〃
	王憶伊	〃
	河野賢之介	熊本大学
	鎌田蒼	〃
	正宗尚馬	〃
佳作	野口翔太	室蘭工業大学
	浅野樹	〃
	川去健翔	〃
	根本一希	日本大学
	勝部秋高	〃
	竹内宏輔	名古屋大学
	植木柚花	〃
	久保元広	〃
	児玉由衣	〃
(タジマ奨励賞)	服部秀生	愛知工業大学
	市村達也	〃
	伊藤謙	〃
	川尻幸希	〃
(タジマ奨励賞)	繁野雅哉	愛知工業大学
	石川竜暉	〃
	板倉知也	〃
	若松幹丸	〃
	原良輔	九州大学
	荒木俊輔	〃
	宋萍	〃
	程志	〃
	山根僚太	〃
タジマ奨励賞	山下耕生	早稲田大学
	宮嶋雛衣	〃

順位	氏名	所属
	大石展洋	日本大学
	小山田駿志	〃
	中村美月	〃
	渡邉康介	〃
	伊藤拓海	日本大学
	古田宏大	〃
	横山喜久	〃
	宮本一平	名城大学
	岡田和浩	〃
	水谷匠磨	〃
	森祐人	〃
	和田保裕	〃
	皆戸中秀典	愛知工業大学
	大竹浩夢	〃
	栞原峻	〃
	小出里咲	〃
	三浦萌子	熊本大学
	玉木蒼乃	〃
	藤田真衣	〃
	小島宙	豊橋技術科学大学
	Batzorig Sainbileg	〃
	安元春香	〃
	山本航	熊本大学
	岩田冴	〃

●2020 外との新しいつながりをもった住まい

順位	氏名	所属
最優秀賞	市倉隆平	マサチューセッツ工科大学
優秀賞	冨田深太朗	東京理科大学
	高橋駿太	〃
	田島佑一朗	〃
(タジマ奨励賞)	中川晃都	日本大学
	北村海斗	〃
	馬渡侑那	〃
(タジマ奨励賞)	平田颯彦	九州大学
	土田昂滉	佐賀大学
	西田晃大	〃
	森本拓海	〃
佳作	山﨑巧	室蘭工業大学
	恒川紘和	東京理科大学
	佐々木里佳	〃
	田中大我	〃
	楊葉霊	〃
	根本一希	日本大学
	渡邉康介	〃
	中村美月	〃
	勝部秋高	日本大学
	篠原健	〃
	四方勘太	名古屋市立大学
	片岡達哉	〃
	喜納健心	〃
	岡田侑也	〃
	大杉悟司	京都府立大学
	川島史也	〃
	小島新平	戸田建設
タジマ奨励賞	小山田陽太	東北工業大学
	山田航士	日本大学
	井上了太	〃
	栗岡雅己	〃
	柴田貴美子	神戸大学
	加藤亜海	〃

順位	氏　名	所　属
	佐藤駿介	日本大学
	石井健聖	〃
	大久保将吾	〃
	駒形吏紗	〃
	鈴木亜実	〃
	高坂啓太	神戸大学
	山地雄続	〃
	幸田　梓	〃
	大本裕也	熊本大学
	村田誠也	〃
	今泉達哉	熊本大学
	菅野　祥	〃
	簗瀬雄己	〃
	稲垣拓真	愛知工業大学
	林　佑樹	〃
	松田茉央	〃

順位	氏　名	所　属
	河内　駿	愛知工業大学
	一柳奏匡	〃
	山田珠莉	〃
	袴田美弥子	〃
	青山みずほ	〃
	大薮聖也	愛知工業大学
	五十嵐友雅	〃
	出口文音	〃
	平邑颯馬	愛知工業大学
	神山なごみ	〃
	原　悠馬	〃
	赤井柚果里	〃
	瀬山華子	熊本大学
	北野真凛	〃
	古井悠介	〃

（　）はタジマ奨励賞と重賞

●2021　まちづくりの核として福祉を考える

順位	氏　名	所　属
最優秀賞	大貫友瑞	東京藝術大学
	山内康生	東京理科大学
	王　子潔	〃
	近藤　舞	〃
	恒川紘和	〃
（タジマ奨励賞）	林　凌大	愛知工業大学
	西尾龍人	〃
	杉本玲音	〃
	石原未悠	〃
優秀賞	熊谷拓也	日本大学
	中川晃都	〃
	岩崎琢朗	〃
	江畑隼也	坂東幸輔建築設計事務所
	上村理奈	熊本大学
	大本裕也	〃
	Tsogtsaikhan Tengisbold	〃
	福島早瑛	熊本大学
	菅野　祥	〃
	Zaki Aqila	〃
佳作	坪内　健	北海道大学
	岩佐　樹	〃
	中島佑太	〃
（タジマ奨励賞）	守屋華那歩	愛知工業大学
	五十嵐翔	〃
	山口こころ	〃
	山本晃城	大阪工業大学
	福本純也	〃
	小林美穂	〃
	亀山拓海	〃
	信木嶺吾	〃
	河野仁哉	〃
（タジマ奨励賞）	若槻瑠実	広島大学
	中野瑞希	〃
	鈴木滉一	神戸大学
	生田海斗	京都工芸繊維大学
（タジマ奨励賞）	宮地栄吾	広島工業大学
	片山萌衣	〃
	田村真那斗	〃
	藤巻太一	〃
タジマ奨励賞	永嶋太一	愛知工業大学
	此島　滉	〃
	水谷美祐	〃
	伊藤稚菜	愛知工業大学
	山村由奈	〃
	市原佳奈	〃

「他者」とともに生きる建築
2022年度日本建築学会設計競技優秀作品集

定価はカバーに表示してあります。

2023年1月5日　1版1刷発行	ISBN 978-4-7655-2639-5 C3052
2024年1月1日　1版2刷	

編　　者	一般社団法人日本建築学会
発 行 者	長　　滋　彦
発 行 所	技 報 堂 出 版 株 式 会 社

日本書籍出版協会会員
自然科学書協会会員
土木・建築書協会会員

〒101-0051　東京都千代田区神田神保町1-2-5
電　　話　営　　業（03）（5217）0885
　　　　　編　　集（03）（5217）0881
　　　　　Ｆ Ａ Ｘ（03）（5217）0886
振替口座　00140-4-10
http://gihodobooks.jp/

Printed in Japan

© Architectural Institute of Japan, 2023　　装幀　ジンキッズ　印刷・製本　朋栄ロジスティック